景观规划设计丛书

城市公园景观规划与设计

蔡雄彬　谢宗添　等编著

U0258159

机械工业出版社

CHINA MACHINE PRESS

本书图文并茂地系统阐述了中外城市公园的发展情况，以及城市公园景观规划的基本理论和技法，其中对各种类型公园的规划设计做了较为全面的论述，并精选相关案例进行评述，全面系统地分析了城市公园景观设计的方法。

　　本书注重内容编排的系统性，有层次、有逻辑性地分章节展开论述，给读者提供了可循的设计和研究思路；每个章节都穿插大量的公园实例和照片，涵盖了规划设计的所有方面和程序；注重实用性，从规划实际需要着手分析，论述通俗易懂；注重案例的广泛性，提供了反映现代城市公园规划设计的新理念、新内容、新方法。

　　本书适合从事城市规划、建筑、园林、旅游等部门和企业的工作人员及业余爱好者使用，也适合大中专院校的师生使用。

图书在版编目（CIP）数据

城市公园景观规划与设计/蔡雄彬，谢宗添等编著. —北京：机械工业出版社，2013.11（2022.1重印）

　　（景观规划设计丛书）

ISBN 978-7-111-44636-1

Ⅰ.①城…　Ⅱ.①蔡…②谢…　Ⅲ.①城市—园林设计—景观设计②城市—园林设计—景观规划　Ⅳ.①TU986.2

中国版本图书馆CIP数据核字（2013）第258555号

机械工业出版社（北京市百万庄大街22号　邮政编码100037）

策划编辑：宋晓磊　责任编辑：宋晓磊　李俊慧

版式设计：霍永明　责任校对：王　欣

封面设计：张　静　责任印制：常天培

北京铭成印刷有限公司印刷

2022年1月第1版第6次印刷

184mm×260mm·13.75印张·375千字

标准书号：ISBN 978-7-111-44636-1

定价：56.00元

凡购本书，如有缺页、倒页、脱页，由本社发行部调换

电话服务　　　　　　　　　　　　网络服务

服务咨询热线：（010）88361066　　机工官网：www.cmpbook.com

读者购书热线：（010）68326294　　机工官博：weibo.com/cmp1952

　　　　　　　（010）88379203　　教育服务网：www.cmpedu.com

封面无防伪标均为盗版　　　　　金书网：www.golden-book.com

前言 PREFACE

公园是随着城市的发展而兴建起来的。在我国社会和经济不断发展的今天，公园绿地在城市中的作用日益凸显，公园绿地的规划设计工作也显得重要与迫切，人们亟须了解和掌握专业的、系统的规划设计基本理论和技法。在这种需求下，我们编写了本书。

本书具有以下几个特点：

1.系统阐述了中外城市公园的发展情况、公园规划的基本理论和技法，并对各类公园绿地的规划设计做了较为全面的论述。

2.注重内容编排的系统性，有层次、有逻辑性地分章节展开论述，同时注重从细节入手，进行透彻的分析。

3.注重实用性，从规划实际需要着手分析，论述通俗易懂。每一章都穿插了公园实例和照片，涉及规划设计的所有方面。

4.注重案例的广泛性，提供了许多反映现代城市公园及其设计的新理念、新内容、新方法的优秀设计案例。

本书第1章由姜书纳编写；第2章、第3章由西南林业大学郭胜男编写；第4章、第5章由贵州财经大学资源与环境管理学院吕君编写；第6章由郭蓉编写；第7章由蔡雄彬编写；第8章、第9章由云南师范大学文理学院叶惠珠编写；第10章由谢宗添和叶惠珠编写；第11章由云南开放大学园林教研室邓超编写；第12章由漳州市园林管理局周珊珊编写；书中的公园景观规划设计案例由厦门瀚卓路桥景观设计有限公司何大胜收集整理编辑。本书由蔡雄彬和谢宗添进行审校，由厦门瀚卓路桥景观艺术有限公司、厦门尚层景观设计工程有限公司提供了大量优秀的景观设计方案。

本书稿得到了江敏婧老师的大力协助，在此表示感谢。

编　者

目 录 Contents

Planning and design
of City Park landscape
城市公园 景观规划与设计

第1章

城市公园概论

CHENGSHIGONGYUANGAILUN

1.1　城市公园的定义

城市公园在不同的时代有不同的概念界定，即使是同一时代，其界定也存在差异，有的突出使用功能、生态环境，有的强调城市公园的环保意义，有的重视文化传承。

《中国大百科全书》、《城市绿地分类标准》及国内外学者对城市公园进行的概念界定，包含了以下几方面的内涵：第一，城市公园是城市公共绿地的一种类型；第二，城市公园的主要功能是休闲、游憩、娱乐，而且随着城市自身的发展及市民、旅游者外在需求的拉动，城市公园将会增加更多的功能产品；第三，城市公园的主要服务对象是城市居民，但随着城市旅游的兴起，城市公园将不再单一地服务于本地市民，也同时服务于外来旅游者。

在各个地方的公园管理条例里，一般将城市公园定义为具有良好的绿化环境和相应的配套设施，起到改善生态、美化环境、游览休憩、文化健身、科普宣传和应急避险等功能，并向公众开放的公益性场所。

1.2　城市公园的分类

公园可分为城市公园和自然公园两大类，一般使用的"公园"一词，仅指城市公园。

1.2.1　按一般定义分类

按一般定义，城市公园可分为综合公园、带状公园、专类公园、社区公园、居住区小游园、邻里公园、花园等。

（1）综合公园　有全市性综合公园和区域性综合公园。

（2）专类公园　有植物园、动物园、儿童公园、主题公园、遗址公园、体育公园、纪念性公园等。

（3）花园　有综合性花园、专类花园（如牡丹园、兰圃）等。

1.2.2　按服务半径分类

按服务半径，城市公园可分为邻里公园（服务半径800m）、社区性公园（服务半径1.6km）、全市性公园（服务半径依城市规模大小而定）等。

1.2.3　按面积分类

按公园的面积大小，城市公园可分为邻里性小型公园（2hm²⊖以下）、地区性小型公园（2～20hm²）、都会性大型公园（20～100hm²）、河滨带状公园（5～30hm²）等。

⊖ 1公顷（hm²）=10000平方米（m²）

1.3 城市公园的历史发展

1.3.1 城市公园的起源

在中世纪及其之前，城市的主要功能是防卫，不存在城市花园。文艺复兴时期，意大利人阿尔伯蒂首次提出了建造城市公共空间应该建造花园用于娱乐和休闲，此后花园对提高城市和居住质量的重要性开始被人们所认识。城市公园作为大工业时代的产物，有以下两个源头。

1.贵族私家花园的公众化

17世纪中叶，英国爆发了资产阶级革命，武装推翻了封建王朝，建立起土地贵族与大资产阶级联盟的君主立宪政权，宣告资本主义社会制度的诞生。不久，法国也爆发了资产阶级革命，继而革命的浪潮席卷全欧洲。在"自由、平等、博爱"的口号下，新兴的资产阶级没收了封建地主及皇室的财产，把宫苑和私园都向公众开放，并统称为公园（Public Park）。1843年，英国利物浦市动用税收建造了公众可免费使用的伯肯海德公园（Birkenhead Park），标志着第一个城市公园正式诞生（见图1-1）。19世纪中叶，欧洲、美国和日本逐渐出现了许多经设计、专供公众游览的公园。

图1-1 伯肯海德公园

2.源于社区或村镇的公共场地

1643年，英国殖民者在波士顿购买了18.225km²的土地作为公共使用地。现代意义上的城市公园起源于美国，由美国景观设计学的奠基人弗雷德里克·劳·奥姆斯特德（Frederick Law Olmsted）（1822—1903）提出在城市兴建公园的伟大构想。早在100多年前，他就与沃克（Calvert Vaux）（1824—1895）共同设计了纽约中央公园。这一事件不仅开启了现代景观设计学的先河，更为重要的是，它标志着城市公众生活景观时代的到来。公园已经不再是少数人赏玩的奢侈品，而是能带给大众身心愉悦的空间（见图1-2）。

图1-2 纽约中央公园

1.3.2 我国城市公园的发展历史

我国城市公园的由来可追溯至古代皇家园林，官宦、富商和士人的私家园林。现代意义的公园则是帝国主义侵略的结果，当时殖民者在我国开设租界，为了满足少数殖民者的游乐活动，把欧洲式的公园传到了我国。

19世纪末，在"舶来"思想的影响下，中国一些开埠通商较早的城市相继出现了公园的雏形，如1868年建造的上海黄浦公园。1905年，由一些名流士绅倡议并集资，在无锡城中心原有几个私家小花园的基础上，建立了自己的第一个公园。该园自建立之初至今历经100多年，始终坚持"不收门票，也不针对任何人设立门槛"的原

图1-3 无锡的"公花园"

则。无锡市民按照自己的习惯给其取名：公花园。该公园被园林界公认为是我国的第一个公园，也是第一个真正意义上的公众之园（见图1-3）。

辛亥革命后，一批民主主义者积极宣传西方的新潮规划理念，倡导筹建公园，于是在一些城市里出现了一批类型相近的公园，比如广州的越秀公园、汉口的市府公园、厦门的中山公园、南京的玄武湖公园、北平的中央公园等。这一时期的公园大多数是在原有风景名胜的基础上整理改建而成的，有的就是原有的古典园林，少数是在空地或农地上参照欧洲公园的特点建造的。

中华人民共和国成立以后，各城市的公园建设迅速发展，并创造出不同的地方风格。除了以古代园林、古建筑或历史纪念地为基础建设了一批公园外，还建设了一批以绿化为主，辅以建筑，坐落于城市或市郊的新型公园。这些公园意味着广大人民有了娱乐和游憩的场所。

改革开放以来，特别是1992年随着创建园林城市的活动在全国普遍开展以来，配合城市建设的大发展，我国城市公园也经历了一个高速发展的阶段。全国公园总数由20世纪80年代的将近1000个发展到2002年的4000多个。

在数量增长的同时，我国城市公园的质量也有了很大提高：加强了绿化美化工作，局部生态环境得到显著改善；增添了大量娱乐和服务设施，极大地丰富了市民游玩内容；许多历史文化遗址、遗迹和古树名木通过公园的建设得到了较好保护，成为市民了解和欣赏自然文化遗产的重要场所。城市公园类型日趋多样化，除了历史园林以外，在城市中心、街道两旁、河道两旁、居民社区、新建小区，甚至荒地、废弃地和垃圾填埋场上也建设了各种类型的城市公园。城市公园对于满足广大市民日益增长的闲暇生活需要起到了不可替代的作用，在城市发展中占据越来越重要的地位。

1.4 城市公园的功能

城市公园的传统功能主要就是满足城市居民的休闲需要，提供休息、游览、锻炼、交

往，以及举办各种集体文化活动的场所，而现代的城市公园则增加了新的内容。

1.4.1 生态功能

城市公园是城市绿化美化、改善生态环境的重要载体，特别是大批园林绿地的建设，使城市公园成为城市绿地系统中最大的绿色生态板块，是城市中动、植物资源最为丰富之所，对局部小气候的改善有明显效果，使粉尘、汽车尾气等得到有效抑制，被人们称为"城市的肺"、"城市的氧吧"。城市公园在改善城市生态环境、居住环境和保护生物多样性方面起着积极的、有效的作用。

1.4.2 城市文化展示、传承功能

高质量的公园，形象鲜明，往往能成为一个城市的地理标志，同时也是城市文明和繁荣的标志。作为城市的主要公共开放空间，公园不仅是休闲传统的延续，更是城市文化的体现，代表着一个城市的政治、经济、文化、风格和精神气质，也反映着城市居民的心态、追求和品位。美国景观设计之父奥姆斯特德曾说过，公园是一件艺术品，随着岁月的积淀，公园会日益被注入文化底蕴。一座公园就是一段历史，它让人们一走进园子，脑海中就会浮现出昔日的温馨画面、曾经的美好记忆。

1.4.3 组织城市景观功能

现代城市充斥着各种过于拥挤的建筑物，存在着隔离空间和救援通道缺乏等的问题，而公园的建设则是一个一举多得的解决办法。土地的深度开发使城市景观趋于破碎化，而城市公园在科学的规划下，可以重新组织构建城市的景观，组合文化、历史、休闲等要素，使城市重新焕发活力。随着城市旅游的兴起，许多知名的大型综合公园以其独特的品位率先成为城市重要的旅游吸引载体，城市公园也起到了城市旅游中心或标志物的功能，如常州的红梅公园、厦门的白鹭洲公园、昆明的翠湖公园等。

1.4.4 防灾功能

在很多地震多发地区，城市公园还担负着防灾避难的功能，尤其是处于地震带上的城市，防灾避难的功能显得格外重要。1976年的唐山大地震、1999年的台湾集集大地震、2008年的汶川大地震，都让我们认识到防灾意识的提高以及防灾、避难场所的建设在城市发展中的重要性，而城市公园在承担防灾、避难功能上显示了其强大作用。

日本尤其重视公园的防灾作用，其契机就是1923年的关东大地震。在这场大震灾中，城市里的广场、绿地和公园等公共场所对灭火和阻止火势蔓延起到了积极的作用，效力比人工灭火高一倍以上。许多人由于躲避在公园内而幸免一死。地震发生后，当时有157万东京市民都把公园等公共场所作为避难处。

1956年，在日本政府出台的《城市公园法》中首次出现了有关公园建设必须考虑防灾

功能的条款，在1973年的《城市绿地保全法》中明确规定将城市公园纳入城市绿地的防灾体系。1986年又制定了《紧急建设防灾绿地计划》，把城市公园确定为具有"避难功能"的场所。

第2章

GONGYUANGUIHUASHEJILILUN 公园规划设计理论

2.1 功能分区规划

2.1.1 出入口

公园出入口的确定是公园规划设计中的一项重要内容。它是联系公园内、外的纽带和关节点，是由街道空间过渡到公园空间的转折，在整个公园中起着十分重要的作用。根据城市规划和公园分区布局要求，公园的出入口可分为主要出入口、次要出入口和专用出入口三类。

1.主要出入口

公园的主要出入口通常只有一到两个，既是给游人标志性印象的景点，又是全园大多数游人出入的地方。其位置一般面向城市主要交通干道、游人主要来源方位，避免设置于几条主要街道的交叉口上。同时要使主要出入口有足够的人流集散用地，并且便于连接园内其他道路。

主入口附近的设施内容应丰富新颖，注重景观效果。

2.次要出入口

次要出入口通常为三个至多个，起辅助作用，服务对象主要是附近居民或城市次要干道上的游客。次要出入口可在公园的不同方位选择，一般设在园内有大量人流集散的设施附近，其设施规模、内容仅次于主要出入口。

3.专用出入口

专用出入口通常只有一个，不对外开放。主要为园务管理、运输和内部工作人员的方便而设，不供游人使用。专用出入口多选择在公园管理区附近或较偏僻、隐蔽处。

2.1.2 观赏游览区

观赏游览区以观赏、游览参观为主，是一个公园的核心区域。

观赏游览区占整个园区的面积比较大，主要进行相对安静的活动，是游人比较喜欢的区域，为达到良好的观赏游览效果，往往选择地形及原有植被等比较优越的地段来进行景观的设计，并结合当地历史文物、名胜，强调自然景观和造景手法，很好地适应当地游人的审美心理，达到事半功倍的效果。

观赏游览区设计中一个非常重要的问题是如何形成较为合理的参观路线和风景展开序列。通常我们在设计时应特别注意选择合理的道路平纵曲线、铺装材料、铺装纹样、宽度变化等，使其能够适应当代景观展现及动态观赏的要求。但有些城市综合公园由于受用地面积的限制，出现了一些小规模近距离的游览项目，如一些公园中的热带植物展览温室、盆栽展览等。

观赏游览区的植物配置多采用自然式树木配置，在林间空地中可设置草坪、亭、廊、花架、坐凳等。

2.1.3 安静休息区

安静休息区的主要功能是供游人安静休息、学习和进行一些较为安静的体育活动的场所。安静休息区旨在为游人营造出一个景色优美、环境宜人、生态效益良好的休闲区域，且游人密度较小。

安静休息区的占地面积一般较大，可视公园的规模大小进行规划设计。区域内部设置可借助地形优势制造静谧舒适的环境，以山地、谷地、湖泊、河流等起伏多变的区域为佳，优先考虑原有树木最多，景色最优美的地方。在布局上应灵活考虑，不必刻意将所有活动区域集中于一处，若条件允许，可选择多处，从而创造出不同类型的空间环境及景观，满足不同类型活动的需求。安静休息区一般远离主入口，设置在边角处，隔离闹区。但可靠近老人活动区，必要时可考虑将老人活动区布置在安静休息区内。

安静休息区的园林建筑可设立亭台、水榭、花架、曲廊、茶室等，面积不宜过大，布置宜散落不宜聚集，色彩宜素雅不宜华丽，与自然景观相结合。

安静休息区往往依靠植物形成幽静的休憩环境，如采用自然密林式的绿化，或绿篱带形成的密闭空间，或直接做成疏林草地。在林间空地和林下草地设置散步小道，人们可漫步休憩于密林、草地、花园和小溪间，也可在林间铺装、沿路及空地处设置座椅，并配置小雕塑等园林小品。树种主要采用乡土树种，也可适当地应用外来树种，以丰富种群。

2.1.4 文化娱乐区

文化娱乐区是园区人流最集中、最热闹的活动区域，主要开展科学文化教育、表演、娱乐、游艺等活动。

文化娱乐区尺度设置要恰当，人均以30m²左右为宜，可以适当设计2~3个中型广场以满足大型活动的需求，其他活动场地可以采用化整为零的方式，将大尺度的空间划分为若干小空间。

文化娱乐区的规划应尽可能地利用原有地形及当地环境特点，创造出风景优美、环境舒适、利用率高、投资少的园林景观和活动区域，如可在较大水面开展水上活动；在缓坡地设置露天剧场、演出舞台；利用下沉地形开辟技艺表演、集体活动、游戏场地。

文化娱乐区内设有满足活动需求的建筑及设施，一般包括俱乐部、影剧院、音乐厅、展览室（廊）、游戏广场、技艺表演场、露天剧场、溜冰场、科技活动场、舞池、戏水池等。各建筑及设施应根据公园规模、形式、内容、环境条件等因地制宜地进行布置。建筑物的布置既要注重景观要求，又要避免各个活动项目之间的相互干扰。因此，在设计时，可利用一些设计手法使建筑物及各活动区域间保持一定的距离，如通过地形、建筑、树木、水体、道路等进行分隔。在条件允许的情况下，该区尽可能接近公园的出入口，甚至可设置在专用出入口处，达到快速疏通人流，避免拥挤的作用。由于该区人流量较大，因此要考虑设置足够的道路广场和生活服务设施，如餐厅、茶室、冷饮室、厕所、饮水处

等，以疏散人流。

2.1.5 体育活动区

体育活动区是公园内以集中开展体育活动为主的区域，其规模、内容、设施应根据公园及其周围环境的状况而定。

体育活动区常位于公园的次入口处，既可以防止人流过于拥挤，又能方便专门去公园运动的居民。在对体育活动区进行设计时，一方面要考虑其为游人提供进行体育活动的场地、设施，另一方面还要考虑到其作为公园的一部分需要与整个公园的绿地景观相协调。区内可设置场地较小的篮球场、羽毛球场、网球场、门球场、大众体育区、民族体育场地、乒乓球台等。这样的休闲体育活动区域才能使公园的游憩功能得到最有效的发挥，满足市民的期望，实现多元化和多层次的游憩。

该区的植物配置一般采用规则式的配置方式。

2.1.6 儿童活动区

儿童活动区作为城市园林中必不可少的互动性绿地，可以吸引儿童甚至成人的主动交流与自发参与，成为儿童成长过程中的重要空间，它设计的优劣直接关乎儿童身心健康的发展。

儿童活动区一般可分为学龄前儿童区和学龄儿童区，应避免大龄儿童活动对幼龄儿童活动区域的干扰。用地面积大的儿童活动区在内容设置上与儿童公园类似，用地面积较小的儿童活动区只在局部设游戏场。

儿童活动区规划设计应注意以下几个方面：

1）儿童活动区的规划、环境建设、活动设施、服务管理都必须遵循 "安全第一" 这一重要原则。

2）儿童活动区应选择在日照、通风、排水良好的地段，一般靠近公园主入口，便于儿童进园后能尽快地到达园区内开展自己喜爱的活动。要避免儿童入园后穿越其他各功能区，影响其他各区游人的活动。

3）儿童活动区的地形、水体创造十分重要。在条件允许的情况下，可以考虑在园内增设涉水池、戏水池、小喷泉、人工瀑布等，但应注意水深不能超过儿童正常嬉戏的最大限度。

4）儿童活动区的建筑、设施要考虑到少年儿童的特点，做到形象生动、造型新颖、色彩鲜艳。建筑小品的形式要符合少年儿童的兴趣，最好有童话、寓言的内容。园内活动场地题材多样，多运用童话寓言、成语故事、神话传说，注重教育性、知识性、科学性、趣味性和娱乐性。游戏设备的材料不可使用含有毒物质的材料。

5）儿童活动区内道路的布置要简洁明确，容易辨认，主路能起到辨别方向、寻找活动场所的作用，最好在道路交叉处设图牌标注，考虑童车通行的需求而不宜设台阶或较大的坡度。

6）儿童活动区应创造庇荫环境，供陪游家长及儿童休息，所以在儿童活动、游戏场地的附近要留有可供休息的设施，如坐凳等。

7）儿童区活动场地周围应考虑植物的遮阳效果，并能提供宽阔的草坪及场地，以便开展集体活动。植物种植应选择无毒、无刺、无异味、无飞毛飞絮、不易引起儿童皮肤过敏的树木、花草。

2.1.7　老年人活动区

随着城市人口老龄化速度的加快，老年人逐渐成为公园中的重要群体。对于许多生活在城市的老年人，公园已经成为他们晨练、散步、谈心的首选场所。因此在公园中设置老年人活动区很有必要。

老年人活动区在公园规划中应考虑设在观赏游览区或安静休息区附近，环境优雅、风景宜人的背风向阳处。考虑到老年人行动不方便，因此地形选择以平坦为宜，不宜选择地形变化较大的区域。遵循场地就近，"一绿二静三平坦"，安全、环境易于识别，场所热闹、便捷等原则。

老年人活动区规划设计应注意以下几个方面：

1）根据老年人的身心特点进行合理有序的功能分区，在园区内应设置动态活动区和静态活动区。动态活动区主要以健身、娱乐为主，静态活动区主要以下棋、聊天为主。两区之间要有相应的距离，可相互观望。

2）老年人活动区应设置必要的服务建筑和必备的活动设施，如座椅、躺椅、避风亭等，以满足老人们聊天、下棋等需求；建设坡道、无性别厕所、座便器等无障碍设施，满足老年人各项活动畅通无阻；设置一些简单的体育设施和健身器材，如单杠、压腿杠等；挂鸟笼、寄存、公用电话等其他设施在老年人活动区附近也是不可或缺的。

3）设计老年人活动区时应充分考虑安全防护问题，如道路广场注意平整、防滑；供老年人使用的道路不宜太窄，不宜使用汀步；厕所内的地面要注意防滑，并设置扶手及放置拐杖处。

4）由于老年人的认知能力减退，视觉敏感度下降，因此道路景观空间的营造应指向明确，兼具易识别及艺术化的特征，以防止老人迷失方向，给其活动带来不便。

5）老年人活动区植物的选择应充分考虑到老年人的生理和心理健康方面的特殊需要，选择可以促进身体健康的保健植物、芳香植物，如老茎生花的紫荆、花开百日的紫薇、深秋绚丽的红叶、寒冬傲立的青松、凌空虚心的翠竹等都可以起到振奋老人身心，焕发生命活力的作用。

老年人活动区的植物配置方式应以多种植物组成的落叶阔叶林为主。夏季，植物呈现出丰富的景观和阴凉的环境；冬季，充足的阳光可以通过植物透射进来。另外，在一些道路的转弯处，应配置色彩鲜明的树种，如红枫、黄金宝树、紫叶李等，起到点缀、指示、引导的作用。

2.1.8 公园管理区

该区是为公园经营管理的需要而设置的专用区域，一般设在园内较隐蔽的角落，不对游人开放。管理区四周要与游人活动区域有所隔离，园内园外均要有专用的出入口。

公园管理区的植物配置既可采用规则式也可采用自然式，但要注意的是建筑物在面向游览区的一面应多植高大乔木，以遮蔽公园内游人的视线。

2.2 景点规划

刘滨谊先生在《现代景观规划设计》一书中提到："空间是通过生理感受限定的，场所则是通过心理感受限定的，领域则是基于精神方面的量度。"故在景观设计中设计的尺度是由视觉、听觉、嗅觉和味觉等感官构成的。景点的设置能集中体现公园所要传达的信息，更能够承载公园的文化及内涵。若干个独立的景点构成了景区，而要做好景区的规划，应结合公园定位，合理地选景及造景。

2.2.1 景点的定位

景点的定位应与公园的定位达成一致。公园及景点的定位不能拘泥于公园本身特点，而更需要应用"系统论"方法，从更为宏观的、整体的层面上更深层次地来研究确定公园的特色。在具体的景点规划中，应对公园的外部情况与内部情况两方面来进行设计，着重对文化、游人、服务业、土地利用状况、外围交通状况等外部情况进行了解和分析。在基地内部环境资源中，对自然资源、文化底蕴、现有活动资源等进行总结。

2.2.2 选景

合理地确定景点的位置，结合规划区的地形地势、环境特点，以及人文景观，设计出具有一定观赏价值的特色景点。例如杭州西湖十景为人所称赞，它有以下几个景点：苏堤春晓、双峰插云、三潭映月、曲苑风荷、平湖秋月、南屏晚钟、柳浪闻莺、雷峰夕照、花港观鱼、断桥残雪。

2.2.3 造景

造景是根据园林绿地的性质、功能、规模，将公园中的主体因素加以提炼、加工，结合园林创意与造景技艺，使其成为公园中具有一定观赏价值的景观。随着人们审美观念的提高，造景手段也越来越丰富多彩。

1.主景与次景

景无论大小均有主次之分，主景是全园的重点、核心，是空间构图的中心，往往体现公园的主题与性质，是全园视线的控制焦点，有较强的感染力。配景对主景起到陪衬作用，是主景的延伸和补充。园林中突出主景的方法有以下几种：

（1）主体升高 为了使构图的主体明显，常将主景在空间高程上加以突出，使主景置于明朗而简洁的蓝天背景之下，使主体的轮廓、造型清晰化，如广州越秀公园的五羊雕塑及南京雨花台烈士陵园雕塑等。

（2）轴线运用 轴线是建筑群或园林风景发展及延伸的主要方向，主景常置于景观轴线端点、纵横轴线的相交点或放射轴线的焦点上，让视线能够汇集到主景上。

（3）动势向心 一般四面围合的空间，如广场、水面、庭院等，周围的景物具有向心的动势。若在动势的向心处布置主景，可将视线吸引于这一焦点。在造景时，为使构图更加完美，可根据情况调整焦点。

（4）对比与调和 对比可使景物更加鲜明、突出，在园林规划中，常使配景在线条、体量、色彩、走势等方面与主景形成对比，从而强调主景。但同时要注意配景和主景的协调与统一。

（5）空间构图重心 构图重心给人以稳定感，主景常布置于构图重心上。规则式园林的构图重心为几何中心，自然式园林的构图重心在自然重心上，而非几何中心。

2.前景、中景与背景

在公园中，为了增加景物的深远感或突出某一景物，常在空间距离上划分出前景、中景和背景，前景和背景都为中景服务，这样布景使得景观富有层次感、丰富而又有感染力。因造景要求的不同，前景、中景、背景不一定同时具备。在开阔宏伟的景观前，如纪念性公园等，前景可省略，用简单的背景烘托即可。在处理前景时，常用的手法有框景、漏景、夹景、添景。

（1）框景 利用门窗框、山桥洞、树等选择恰当角度截取另一空间优美景色的手法称为框景。所取景色恰似一幅镶嵌于镜框中的立体风景画。如扬州瘦西湖的吹台便是采用框景的设计手法，使得框与景相互辉映，共同构成景观。

（2）漏景 以框景灵感发展而来，框景展现了空间的完整景色，漏景则若隐若现，有种"犹抱琵琶半遮面"的朦胧美。它由树林、树干、枝叶或漏花墙、漏花窗中隐约可见，含蓄别致。

（3）夹景 夹景是运用透视线、景观轴线突出对景的方法，常借助树丛、树列、建筑、山石等将左右两侧景观加以屏障，从而形成狭长的空间，使游人的视线集中于对景之上，增加深远层次的美感。

（4）添景 添景是为主景或对景增加层次感，增加远景的感染力，起到过渡作用，使主景与周围环境更加协调的一种造景手法。如伫立湖边欣赏远景时，湖边垂柳便起到了添景的作用。

3.借景

公园具有一定的范围，造景必定有一定限度，造园时，有意识地把园外的景物借到园内可透视、感受的范围中来，称为借景。"园林巧于因借，精在体宜……借者：园虽别内外，得景则无拘远近，晴峦耸秀，绀宇凌空，极目所至，俗则屏之，佳则收之"。借景的方法有以下几种：

（1）远借　将远处山、水、树木、建筑等风景借到园内，可借助园内地形地势，园内高处设立亭台楼阁，游人可登高远眺，将景色尽收眼底。如北京颐和园西借玉泉山，闪光塔影，美不胜收。

（2）近借　主要借邻近景物，如植物景观、建筑景观等。如苏州沧浪亭借邻河水景，配以假山驳岸，园内外景物相得益彰。

（3）俯借　居高临下俯视景物，如湖光倒影，琪花瑶草。

（4）仰借　仰视以借高处景物为主，如古塔、明月繁星、楼阁。而仰借景物时一般在观景处设置座椅。

（5）应时而借　随四季变化，日出日落，大自然在不同时间，呈现出不同的景象。许多盛名的景点利用自然变化与景物的结合，创造别样的景观。如苏堤春晓、雷峰夕照、曲苑风荷、平湖秋月。

4.点景

点景常依据景观特点，结合空间环境、历史文化对景观进行高度概括及提炼，并以牌匾、石碑、对联等多种形式，对景点加以形象化、诗意化的介绍。

如昆明大观楼的第一长联："五百里滇池奔来眼底，披襟岸帻，喜茫茫空阔无边。看：东骧神骏，西翥灵仪，北走蜿蜒，南翔缟素。高人韵士何妨选胜登临。趁蟹屿螺洲，梳裹就风鬟雾鬓；更苹天苇地，点缀些翠羽丹霞，莫辜负：四围香稻，万顷晴沙，九夏芙蓉，三春杨柳。""数千年往事注到心头，把酒凌虚，叹滚滚英雄谁在？想：汉习楼船，唐标铁柱，宋挥玉斧，元跨革囊。伟烈丰功费尽移山心力。尽珠帘画栋，卷不及暮雨朝云；便断碣残碑，都付与苍烟落照。只赢得：几杵疏钟，半江渔火，两行秋雁，一枕清霜。"对联抒写了对滇池风物雄壮的赞叹以及对云南历史变迁的感慨。

5.对景与分景

（1）对景　对景可以使两个景物相互观望，丰富园林的景色。对景常位于轴线及风景透视线的端点。一般选择园内透视画面最为精美的位置作为观赏点。位于轴线一端的景叫正对景，如北京万春亭是北京—故宫—景山轴线的端点；位于轴线两端的景，则称互对景，如拙政园中的远香堂和雪香云蔚亭。

（2）分景　中国园林多为含蓄，忌"一览无余"，园林中常用分隔的空间增加空间层次感，使园中有园，景中有景，虚实结合。分景按艺术效果分为障景及隔景。障景即抑制视线，分隔空间的屏障景物，多以假山、石墙作为障景，多设于入口处，或自然式园路的交叉处等。隔景的设置使视线被阻，但隔而不断，形成各种封闭但可流通的空间。所用材料多为通廊、花架、水面、漏窗等。

2.3　道路交通设计

公园道路是公园的重要组成部分，起着组织空间、引导游览、交通联系及散步休息的作用。它像脉络一样，把公园的各个景区联系在一起。道路的布局要从公园的使用功能出发，根据地形、地貌、景点布局和园务管理活动的需要综合考虑，统一规划。公园道路需因地制宜，主次分明，有明确的方向性。

2.3.1 公园道路的设计原则

1.人性化原则

公园道路布线、公园道路等级设计等具有很强的主观性或随意性，如缺乏人性化考虑，则会导致生境破坏并影响公园的整体景色。例如，日常生活中常可见到草坪中踩出了一条路的现象，大家认为这是不文明行为，但造成这一现象的根源是设计人员一味追求人造自然美，忽略了游人的需要，结果给人们带来不便，有碍于人们的正常通行。实际上，公园道路设计首先应考虑人的需要，其次才是自然美，只有把两者结合起来，才能达到人与自然的相互和谐。

2.生态性原则

公园道路规划设计是创造一个与自然共生共融的环境，必须考虑保持长期的自然经济效益，生态优先，尽量避免破坏自然环境和原有风景，保护各种动植物资源。避免过多使用华丽的地面铺装或引进非地域性植物，应选择渗水性好或多孔铺装来铺装道路，运用乡土树种，充分利用原有的生态植被。这样不仅增强了该地域人们的认同感，有效降低病虫害侵犯，同时还减少了工程费用。

3.艺术性原则

公园道路艺术性原则体现在将不同的公园景点通过一定形式连接在一起，使之成为一个整体，其整体感来自于园内构成元素间的相互协调，主要体现在两个方面：一是人对道路的"客观"反应上，表现为人对道路周围景观的艺术感知，环境通过人体的各种感观，对人体的心理产生影响，再结合个人对美的各种理性认识，使人产生美的享受；二是人们对美景的认识变迁上，表现为不同时代的人们对何为景色的认识具有时代特性。为了使形式有机连续，还可以运用形状和色彩类似的铺装设计方法，或者采取集中原理把松散的环境元素组织起来，构成一个完整的整体。

2.3.2 公园道路的功能与类型

公园道路联系着公园内的不同分区、建筑、景点及活动设施，是公园景观、骨架及构景要素，其类型有主干道、次干道、专用道及游步道。

1.主干道

主干道形成公园道路系统的主干，路宽为4~6m，纵坡8%以下，横坡1%~4%，一般不宜设梯道。其连接公园各功能分区、主要活动建筑设施、景点，要求方便游人集散，并组织整个公园景观。必要时主干道可通行少量管理用车。公园内主干道两旁应充分绿化，可采用列植高大、浓荫的乔木，树下配置较耐阴的草坪植物，园路两旁可采用耐阴的花卉植物配置花境。

2.次干道

次干道是公园各区内的主要道路，宽度一般为2~3m，引导游人便捷地到达各个景点，

对主路起辅助作用，可利用各区的景色来丰富道路景观。另外考虑到游人的不同需求，在道路布局中，还应为游人开辟从一个景区到另一个景区的捷径。

3.专用道

专用道又分为园务管理专用道及盲人专用道。园务管理专用道应与游览路分开，减少交叉，以免干扰游览。盲人专用道是为了盲人方便而开辟的道路，一般在游览道的内部并用特殊的铺装加以区分，引导盲人游览。

4.游步道

游步道为游人散步使用，以安静休息区最多，双人行走时路宽为1.2~2m，单人行走时路宽为0.6~1m。其为全园风景变化最细腻，最能体现公园游憩功能和人性化设计的道路。

2.3.3　公园道路的布局形式

公园道路是公园的脉络和骨架，其布局形式的成败直接关系着公园设计的成败。西方园林多采用规整、对称和严谨的布局形式，公园道路笔直宽大，轴线对称，呈几何形。而中国园林多以山水为中心，采用自然式的布局方式，园路讲究含蓄，但在庭院及寺庙园林或是在纪念性园林中多采用规则式布局。园路的布局形式应考虑以下几个方面：

1.园路的回环性

公园中的道路多为四通八达的环形路，游人从任何一个点出发都能游遍全园，不走回头路。

2.园路的疏密性

公园道路的疏密取决于公园规模和性质。在公园内道路大体占总面积的10%~12%。

3.园路的结合性

将园路与景点的布置结合起来，从而达到因景筑路、因路得景的效果。

4.园路的曲折性

园路随地形和景物而多表现为迂回曲折，流畅自然的曲线性，峰回路转，步移景异。这样不仅可以丰富景观，还可达到延长游览路线、增加层次景色、活跃空间气氛的效果。

5.园路的装饰性

园路的铺装常用不同的样式来表达，给人们视觉上带来美感，具有一定的视觉冲击力，体现园路的艺术性原则。

2.4　建筑与设施规划

2.4.1　游憩类设施规划

游憩类建筑设施内容繁多，包括科普展览建筑、文娱类建筑以及观光游览建筑等，而这些建筑不仅能给游览者提供休闲、游览以及观赏的场所，同时，其独特的造型或别具匠心的形式使得建筑本身也成了景点或景观的构图中心。

1.科普展览建筑

为游人普及科普知识，提供历史文物、文学艺术、工艺美术、书画雕塑、花鸟鱼虫等展览的设施。

2.文娱类建筑

为游人提供娱乐健身等的场所，如露天剧场、健身房、游艺室等。

3.观光游览建筑

观光游览建筑为游人提供了一个在休闲游憩的同时能欣赏美景的绝佳之地，因此也为游人摄影留念时所青睐。观光游览建筑形式多样，如亭、廊、楼阁、厅、堂、轩、舫、码头等。

（1）亭　"亭者，停也。人所停集也"（《园冶》）。无论是平面上的圆形亭、四角亭、六角亭等，或者是因屋顶形式的不同而分的单檐亭、重檐亭、平顶亭等，抑或者是因其布局位置的不同而分的山亭、半山亭、桥亭等。在我国传统园林建筑中，亭都是最常见的一种建筑形式，也是中国古代建筑的一种象征。

（2）廊　"廊者，庑出一步也，宜曲宜长则胜"（《园冶》）。廊道主要起到了引导的作用，在遮风挡雨的同时，组织空间，联系建筑与游人的观赏路线。依据廊道位置的不同，分为沿墙走廊、爬山廊、水廊等。依据平面形式的不同分为直廊、曲廊、回廊等。依据结构形式的不同分为空廊、花墙半廊、花墙复廊等。

（3）楼阁　楼阁一般供游人登高远望、游憩赏景之用。而在现代的建筑中，楼阁多作为茶室、餐厅、接待室等。因楼阁造型精致而富有特色，常常也作为公园中的重要景点。

（4）厅堂　"堂者，当也。谓当正向阳之屋，以取堂堂高显之义"。厅亦相似，故常称厅堂。厅堂大致可分为一般厅堂、鸳鸯厅、四面厅等。四面厅运用最为广泛，四周以画廊、长窗、隔扇作壁，坐于堂中而视。厅堂常作为会客议事的场所。

（5）轩　轩指较为高敞、安静的园林建筑，为游人提供休息的场所。

（6）舫　也谓之旱船，舫的立意为"湖中画舫"，使游人有虽在建筑之中，但犹如置身舟楫之感。现代新建的舫，保留了传统舫的概念精髓，丰富了色彩，并在形式上加以创新，使得舫在现在园林中能够更好地融合。

（7）码头　码头既是管理设施，又是游人的水上活动中心。码头依据其形式一般分为驳岸式、伸入式、浮船式。码头结合精致小巧的建筑，错落有致，生机盎然。

2.4.2　服务类设施规划

公园中的服务类建筑一般包括饮食性建筑设施、商业性建筑设施、住宿性建筑设施、其他建筑设施。

1.饮食性建筑设施

在我国，民以食为天，无论身处何处，饮食一直是人们必谈的话题。不同的环境有着不同的饮食文化，饮食性建筑也因而更加多元化，如餐厅、食堂、酒吧、茶室、饮品店、野餐烧烤地等。而饮食性建筑也成了人们停憩、会客、交友的场所。

2.商业性建筑设施

商店、小卖部、购物中心、小型超市等，为游人提供所需的物品，如香烟、饮料、食品、手工艺品、土特产等。

3.住宿性建筑设施

在规模较大的公园里，经常设有接待室、招待所、宾馆或是因需要而设帐篷的营地。

4.其他建筑设施

公园的售票房常设置于公园大门旁或者门外广场处。

2.4.3 公共类设施规划

公共类设施主要包括公园布置图、导游牌、路标、停车场、坐凳设施、供电及照明设施、供水及排水设施、果皮箱、厕所等。

1.公园布置图、导游牌、路标

在公园的入口处或道路分道处常设置有公园布置图，为游人提供清晰的路线及景点布置图，方便游人选择和确定游览路线。在路口常设置导游牌及路标，从而引导游人到达游览地点，尤其是在道路系统比较复杂，景点较为丰富的大型公园中，还起到了点景的作用。

2.停车场

随着人们生活水平的提高，车已经成为了人们普遍的生活品，而停车场也成了公园必不可少的设施。为方便游人，停车场往往设置在入口处，或者入口广场的周边。

3.坐凳设施

坐凳是供游人休息的不可或缺的设施之一，一般设置在园中具有特色的区域，如水边、路边、广场等。坐凳的形式可以根据公园的风格特色以及周边环境来设置，既可以是古朴的也可以是现代的，既可以是规则的也可以是自然的。通过不同的材质、不同的设计形式，将坐凳很好地融入到环境之中，也可以使其成为公园中的一处亮点。

4.供电及照明设施

照明器具其本身的造型与功能是园林之中景观构造的必要元素，也是创造现代化园林景观的手段之一。照明器具的设计不但要求重视其功能性，还应注重其艺术性。照明器具的设计应综合考虑夜晚的照明以及白天的景观效果，其设计整体造型应协调，符合环境因素间的关系。根据照明器具在公园中设置的环境不同可以分为低位照明灯具、道路照明灯具、装饰照明灯具等。低位照明灯具高度一般为0.3~1.0m之间，低于人们的视线高度，此类灯具一般布置于园林地面、道路入口、游步道等处，提供必要的地面照明，营造出温馨的气氛；道路照明灯具高度一般为1~4m之间，置于道路两侧，灯具在造型上注重细节的处理，以配合游人在观赏时的视距；装饰照明灯具主要为园林空间的夜晚提供相应的景观效果，形成夜晚的独特景观。

5.供水及排水设施

公园中用水量较大，如生活用水、生产用水、养护用水、消防用水等。生活用水可以直接用城市自来水或设深井水泵吸水。消防用水一般为单独的水系，生产及养护用水可设循环水系统设施，以节约用水。公园的排水，主要依靠自排水以及设施排水，如明沟排水或暗渠排水等。

6.果皮箱

为维护公园环境以及方便游人，果皮箱在数量上有一定要求，根据游人聚集情况及人流量，在一定的距离内应设置足够数量的果皮箱。如今，公园中果皮箱的构造形式也已经越来越趋于多样化，能够与环境巧妙地结合，且增添了一定的趣味性。

7.厕所

公园中的厕所应依据公园的规模容量设计，厕所的设计要满足功能特征，外形美观，但不能过于修饰而喧宾夺主。厕所内部设施应健全，要求有较好的通风排水设施。

2.4.4　管理类设施规划

管理类设施主要包括公园大门、围墙、办公室、广播站、宿舍、食堂、医疗卫生、治安保卫、温室大棚、变电室、污水处理场等。

公园大门属于公园入口处最为醒目的标志，也决定着是否能够第一时间抓住游人的眼球。大门的设置，常依据公园的定位、文化内涵、规模而决定。常见的有牌坊式、门廊式、柱墩式、屋宇式、门楼式等。

2.5　植物规划设计

2.5.1　植物规划原则

公园是城市的有机组成部分，而公园植物景观设计又成为现代园林景观设计中最重要的设计内容。现代植物景观设计的发展趋势，在于充分地认识地域性自然景观中植物景观的形成过程和演变规律，并顺应这一规律进行植物配置。然而，构建和谐的城市公园植物景观，为城市居民提供更好的生活、工作、学习、休闲和防灾避灾的绿色空间，都有着十分重要的意义。因此，在城市公园植物景观的设计中应遵循以下基本原则。

1.植物种植乡土化原则

植物景观设计应科学地选择与地域景观类型相适应的植物群落，体现地方文脉，场地精神。

植物造景的核心是师法自然，正如清代的陈扶摇《花镜》所记："草木之宜寒宜暖宜高宜下者，天地虽能生之，不能使之各得其所，赖种植时位置之有方耳。"因此必须要清楚地了解植物生长过程中所必需的温度、水分、光照、土壤、空气等生态因子，根据这些因子对其生长发育的作用而科学地配置树种，保证植物对本区条件的适应性。

乡土植物品种是城市公园良好的植物资源，乡土植物材料的使用，是体现地域文脉及设计生态化的一个重要环节。植物生态习性的不同及各地气候条件的差异，致使植物的分布呈现地域性。不同的地域环境形成不同的植物景观，景观设计应根据环境、气候等条件合理地选择当地生长的植物种类，营造具有地方特色的植物景观。一般说来，乡土树种有以下特点：能适应当地生长环境，移植时成活率高，生长迅速而健壮，能适应管理粗放，对土壤、水分、肥料要求不高，耐修剪、病虫害少、抗性强。选择乡土树种，植物成活率高，既经济又有地方特色。因此，公园植物景观应运用乡土植物群落来展示地方景观特色，并创造稳定、持久、和谐的园林风景环境。

2.生态效益最大化原则

现代园林强调园林的生态效益，利用园林改善城市生态环境。城市公园要以植物为主要材料模拟再现自然植物群落，提倡自然景观的创造。当今对公园植物景观的再认识，不仅要达到"风景如画"，还要从更深、更广的层面去理解和把握，特别是要从景观生态学的角度去分析。城市公园除了要满足人们游憩、观赏的需要，还要维持和调节生态平衡、保护生物多样性、再现自然、净化与提高城市的环境质量。

公园是一个特定的景观生态系统。公园植物是构成现代人类良好生活环境不可缺少的部分。在植物品种的选择上，除要突出乡土树种外，还要突出产生生态效益高的树种。未来的公园景观应该是更生态的、健康的、可持续发展的，有利于全人类和各种生物、环境的协调发展。不但要从美学和造景来考虑，还要从发挥生态效益与适地适树的生态学和栽培学角度来考虑，使公园植物最大限度地发挥其生态效益。

3.植物景观多样性原则

根据不同的景观资源类型，配置不同的植物景观类型，并考虑植物的季相变化，体现四季景观的连续性。我国被西方誉为"世界园林之母"，具有丰富的植物资源，据查我国有种子植物30000余种，仅次于巴西和哥伦比亚，居世界第三位。

目前我国大多数公园中的植物不超过200种，常见的园林树种仅有十几种，草本观赏植物更为贫乏，全国各地几乎千篇一律，且大多数的园林植物从国外引种，我国特有的观赏植物栽培不多，丰富的植物种类与城市植物应用贫乏形成了一个极大的反差。

在城市公园中应充分体现当地植物品种的丰富性和植物群落的多样性特征，强调为各种植物群落营造更加适宜的生态环境。以提高城市绿地生态系统功能，维持城市的平衡发展。加强地带性植物生态性和变种的筛选和驯化，构筑具有区域特色和城市个性的绿色景观。同时，慎重而节制地引进国外特色物种，重点是原产我国，但经过培育改良的优良品种，以体现城市公园丰富多样的植物景观。

4.养护管理减量化原则

公园植物景观应树立自然、大气、简朴、节约的城市绿化理念。在植物景观设计时，必须最大限度地实现城市绿化在吸收二氧化碳和有毒气体、产生氧气、遮阴、防风、滞尘、降温、增湿、减噪、防灾避险、美化景观环境、提供游憩场所等方面的综合效益。

在公园种植方面，要强调植物群落的自然适应性，力求公园植物在养护管理上的经济性和简便性。通过植物配植给游人呈现一个生态优美的景观环境。尽量避免养护管理费时费工、水分和肥力消耗过高、人工性过强的植物景观设计手法。因此，公园植物配置应该采用郁闭度较好的自然植被群落为原型的自然式复层结构。需要修剪的大草坪、树木造型园、刺绣花坛、盆花花坛等，除特殊场合最好不用，这样可以节省一定的管理费用。另外，在设计中，多采用抗病虫较好、耗水少的树种。

在2003年上海国际园林论坛上，加拿大风景园林协会主席Vincent Asselin提出了植物造景和配置的可持续问题，绿地养护费异常昂贵，设计或建设中的任何瑕疵，都将意味着后代需要付出更多的养护费。园林植物景观设计提倡"虽由人作，宛自天开"的想法，用人工力量改造出天然的植物景观。这就需要加强植物群落自身更新、恢复的能力，靠自然之力自我维持平衡。从而创造出一个可持续的、具有丰富物种的园林绿地系统。

2.5.2 公园植物景观设计内容

景观设计使我们对植物有了新的认识，是设计中的主体部分。这里从设计思维方式和使用功能的角度将公园植物景观设计划分为区域植物景观设计、界面植物景观设计、路线植物景观设计、节点植物景观设计、特色植物景观设计五个方面。

1.区域植物景观设计

从城市绿地系统的角度来看，公园是城市绿地系统重要的组成部分。对公园的植物景观进行设计时，必须考虑公园与城市之间的关系，以及公园与周边区域的关系。这样才能准确解剖场地的内外特征，才能充分协调场地周边绿地，做到真正把设计融入到城市的脉搏中去。

目前，城市公园已经成为居民日常生活必不可少的组成部分。随着城市的发展和进一步的更新改造，城市公园已经逐步成为城市内部的基质，正在以简洁、生态和开放的绿地形态渗透到城市之中，与城市的自然景观基质相融合。如杭州西湖将湖水、绿丘、水岛、长堤向城市渗透并溶解在城市景观中，形成了城市空间序列的绿色中枢。

进行公园植物景观设计时，首先要进行的依然是公园内区域植物景观设计。在这个阶段，一般不需要考虑用哪种植物，或是单株及复层植物的具体分布和配置，而是根据功能要求，对不同区域进行植物空间设计、色彩设计等。

2.界面植物景观设计

界面是指公园与城市的交界面地带，既要考虑从城市的角度观赏公园，又要考虑从公园的角度去欣赏城市的效果。公园界面设计常常根据具体场地现状而定，有时在城市交通干道一侧，利用起伏的地形和密植的植被来限制游人通过，或在公园界面地带，种植复式林带，以隔开城市噪声，使公园闹中取静。

3.路线植物景观设计

路线植物景观包括公园道路和线性水系周边布置的绿地植物景观，以此形成公园的生态绿廊和水系廊道。公园内部的道路系统应是公园的绿色通道，而两侧的植物景观能够形成绿道网络。在自然式园路中，要打破以往的行道树栽植手法，两侧可栽植能够取得均衡效果的不同树种，但株与株之间要留出透景线，为"步移景异"创造条件。路口及转弯处可种植色彩鲜明的孤植树或树丛，起到引导方向的作用。在次要园路或小游步路路面，可镶嵌草皮，丰富园路景观。而在规则式的园路中，最好有2~3种乔木或灌木相间搭配，形成起伏的节奏感。

公园中常常呈带状分布水系，作为公园的景观生态轴线。在利用水景的同时，仍以植物造景为主，适当配置游憩设施和有独特风格的建筑小品，构成有韵律、连续性的优美彩带，使人们充分享受大自然的气息。

4.节点植物景观设计

城市公园在统一规划的基础上，根据不同区域的功能要求，将公园分为若干景观节点，使之成为廊道的重点。公园内部的景观节点主要有出入口节点、文化娱乐节点、安静休息节点、观赏游览节点、儿童活动节点以及老年人活动节点等景观，各个节点应与绿色植物合理搭配，节点植物景观设计要精致并富有特色，才能创造出新颖别致的公园景观。

（1）出入口节点　公园出入口是联系公园内部与城市空间的首要通道。设计时应注意出入口景观设计，要与大门建筑相协调，有一定的突出效果。公园门前常布置集散广场，形成一个开阔的序幕空间。在大门内部可用花池、花坛、灌木与雕塑或导游图相配合，也可铺设草坪、种植花灌木，需便利交通和游人集散，这是全园景观的引导区域，应创造视觉的冲击力和景观的识别性。

（2）文化娱乐节点　文化娱乐节点是公园的重点，也是人流量相对较多的区域，要结合公园主题进行景观布置。营造一种优美闲逸的自然景观，开阔的水域水波激荡，沿岸或杨柳依依，追风拂面；或桃依水笑，分外妖娆；或层林尽染，红火如茶；桥、堤、亭、榭错落有致，相映成趣。

在地形平坦开阔的地方，植物以花坛、花境、草坪为主，可适当点缀几株常绿大乔木，如用樟树（*Cinnamomum camphora*（L.）Presl.）、桂花（*Osmanthus fragrans*（Thunb.）Lour.）等作为庭荫树，为游人的休憩创造条件。用低矮落叶灌木和常绿植物丛植或群植，组成不同层次、形态各异并具观赏性的植物景观，如丁香（*Syringa oblata*）、海棠（*Malus spectabilis*（Ait.）Borkh.）、紫薇（*Lagerstroemia indica*）、冬青（*Ilex purpurea* Hassk）等。在被建筑物遮挡的背阴处及水边，配置玉簪（*Hosta plantaginea*）、鸢尾（*I.tectorum*）、美人蕉（*Canna indica*）等观色花卉，再配以适量规模的三叶草花作为衬托，形成花团锦簇、异彩纷呈的植物景观。

公园缓坡地带，是供道路及河对岸观赏的主要区域，缓坡植物配置以草坪为基调，采用紫薇（*Lagerstroemia indica*）、木槿（*Hibiscus syriacus*）、海棠（*C.speciosa*）等组成季相变化的景观，并配以少量银杏（*Ginkgo biloba*）、雪松（*Cedrus deodara*）等观赏树作为点缀，增加植物层次感及立体感，形成简洁、开阔、活泼、明快的景观节点。

（3）安静休息节点　安静休息节点专供人们休息、散步、欣赏自然风景。此节点可用密林植物与其他环境分隔。在植物配置上根据地形高低起伏的变化，采用自然式配置树木。在林间空地中可设置草坪、亭、廊、花架、座椅等。在溪流水域结合水景植物，形成湿地景观。

（4）观赏游览节点　观赏游览节点是全园景观最丰富的区域，旨在为游人营造景色优美，绿色生态的景观环境。在植物景观设计中，多采用具有色彩季相变化的乔木及灌木。

（5）儿童活动节点　儿童活动节点是供儿童游玩、运动、休息、开展课余活动、学习知识、开阔眼界的场所。其周围多用密林或绿篱、树墙与其他空间分开，如有不同年龄的儿童空间，也应加以分隔。活动节点内的植物布置应考虑儿童特点，可将植物修建成一些童话中的动物或人物雕像以及石洞、迷宫等来体现童话色彩。

在植物选择上应选用叶、花、果形状奇特、色彩鲜艳，能引起儿童兴趣的树木，但切记不要用有刺激性，有异味或能引起过敏性反应的植物以及有毒植物，有刺植物如枸骨（Ilex cornuta）、刺槐（Robinia pseudoacacia）、蔷薇（Rosa multiflora）等，及有较多飞絮的植物。

（6）老年人活动节点　老年人活动节点的植物景观设计应本着生态健康的原则进行规划设计。可种植一些常绿乔木及一些药用植物。

5.特色植物景观设计

利用植物本身特性营造特色植物景观也是公园设计的重要内容。不同的植物能够营造出不同的景观特色。棕榈、椰树、假槟榔等营造的是热带风光；雪松、悬铃木与大片的草坪形成的疏林草地展现的是欧陆风情；而竹径通幽，梅影疏斜表现的是我国传统园林的清雅等。有些植物芳香宜人，也可设计成专类园的特色形式供游人观赏。

例如，中国沈阳世界园艺博览会丁香园，占地面积2.4hm²，地势高低起伏。主要栽种丁香属植物。现在已收集丁香属植物30多个品种。每至花季满园丁香接踵开花，紫丁香花香淡雅；白丁香花密而洁白；蓝丁香花繁色艳。身临其境，只见满园丁香花尽收眼底，清风徐来，满亭飘香，令人心清目亮，神智舒畅。

6.城市公园植物景观的意境创作

城市公园中园林植物景观不仅给人以赏心悦目、心旷神怡的物境感受，还可使不同的人产生不同的审美意境。利用园林植物进行意境创作是中国传统园林的典型造景风格和宝贵的文化遗产。中国植物栽培历史悠久，文化灿烂，很多诗、词、歌、赋和民风民俗都留下了歌咏植物的优美篇章，并为各种植物赋予了人的品格。例如松柏给人的感觉是苍劲挺拔、蟠虬古拙，并且抗旱耐寒、常绿延年，因此常常代表着坚贞不屈的品格，永葆青春的意志和体魄；竹代表人的"高风亮节，纵凌空处也虚心"崇高品德；荷花蕴含着"出淤泥而不染，濯清涟而不妖"的高尚情操；古人就有称松、竹、梅为"岁寒三友"，赞梅、兰、竹、菊为"四君子"，种种寄情于植物之例不胜枚举。因此，具有生命特征的植物景观创造出丰富的文化寓意，使植物的物质性景观向文化景观升华。

2.6　地域文化规划

城市公园在城市中的发展越来越兴旺，然而各地的诸多公园却都大同小异。从游园者的角度来说，无法太多地唤起游园者的共鸣，以及对文化的传承。从设计创作者的角度来说，过分地强调景观，而忽略了地方文化内涵的表达。这也是由于全球化背景所带来的文化冲击所引发的文化趋同现象所致，也是时代发展的一个必经过程。

随着城市开放度的提高，城市公园作为城市的开放空间，已经不仅仅是城市居民所需要的一个欣赏美景、相约聚会的场所，更大程度上说更成为人们认知这个城市、体验城

市空间的主要领域，也成为城市展现文化、彰显特色的重要场所。它是地域文化的载体，承载着地区文化继承和传播的责任，而且其对地域性的表达是形成城市特色的一个重要因素。在公园规划时，可从自然特征和文化特征两个层次去体现地域性。

2.6.1 自然特征

公园景观设计必须继承与体现自身的地域性，而地域性首先表现在地域的自然特征这一层面，包括当地的地形地貌、气候条件、植物资源及动物资源等。

1.地形地貌

自然环境中的地形地貌特征是影响地域景观的一项重要因素，在《园冶》"相地"一篇中，计成已提出"相地合宜，构园得体"的造园理论。我国地势多样，有高低起伏的山岭，有连绵起伏的丘陵，有广袤辽阔的平原。因此公园规划时应利用当地地形特征，因地制宜，得景随行，营造出具有特色的景观。同时一个地区独特的地形、地貌特征会潜移默化地影响人们对该地域的空间认知。设计师在设计过程中不仅要尊重场地的地形地貌，还可依据地块中或是更为广泛区域内的地形特征，作为景观设计的形式语言，以此来表达地域性，加强人们对该地域空间的认同感。如美国景观设计师哈普林及其助手设计的西雅图高速公路公园中，混凝土峡谷则是对美国西部自然界峡谷的模拟，成为公园的焦点，哈普林认为把人工化了的自然要素插入环境，是基于对自然的体验，而不是对自然简单的抄袭，这是历史上任何优秀园林的本质。因此，设计中提取区域内的地形地貌特征，作为形式语言，是表达地域性的重要途径之一。

2.气候条件

气候条件的差异是地域性差别的表现之一。气候条件通过对光照、空气温度、湿度及流向，以及动植物的影响而决定人的视觉和触觉感受，在设计中应当充分考虑这一条件。人们的生活习惯，生活方式乃至性格脾性都会受到气候条件的不同程度的影响，对景观风格的喜好也呈现出一定的地域差异性。如中国古典园林建筑南北的差异较大，其中一个重要因素就是基于对气候的考虑。著名园林学家陈从周曾总结道："南方为棚，多出口。北方为窝，多封闭。"南方由于气候炎热，为满足通风散热的要求，公园设计常较开敞。北方冬季寒冷、多风沙，封闭式的设计，有利于保温保暖，给人温馨感。不同的气候条件，成就了不同的园林建筑风格，体现各地地域特征。哈格里夫斯在旧金山城市边缘的烛台角文化公园中，根据当地多强风的气候特点，设计了"风之门"的景观。园中设计了一块沿着一定坡度伸向水面的草坪，在几道弯曲的土堤的中间切了一道缺口，形成了一个开敞的迎风口，引导人们在此通过接触大自然而深刻体会自身的存在。

3.乡土植物

公园规划中植物的造景形式成为体现地域文脉及生态化的一种重要手段。植物造景的核心是师法自然，我国自然环境复杂，植物资源丰富多彩，植被群落结构多样。不同地区的气候条件差异，导致了植物生态习性的不同，植物的分布呈现出地域性，从而不同地域形成不同的植物景观。

景观设计应根据当地环境、气候等条件合理地选择当地生长的植物种类，结合原有场地地形、水系等营造具有地方特色的植物景观。乡土树种的选择不仅能展示公园的地域性、降低养护管理及维护成本，并创造稳定、持久、和谐的园林风景环境。如著名的巴西景观设计师布雷·马克斯（Roberto Burle Marx），运用乡土植物，化腐朽为神奇，使那些被当地人视为杂草的乡土植物在园林中大放异彩，为巴西的现代主义景观设计开辟了一条新的道路。

科学、合理、适量地引进外来适生、无害、观赏价值高的树种，可增加本地区园林植物种类，丰富公园景观，但不可为追求标新立异滥用外来树种而弄巧成拙。在天津滨海地区某公园设计中，设计人员忽视了乡土树种的应用，引用了一些南方苗木及抗盐碱能力差的品种，在度过了一个严冬后苗木死亡严重，既达不到设计的绿化效果，又给业主带来了巨大的经济损失。

城市公园植物景观的设计，一方面可通过乡土植物营造乡土风情及植被文化；另一方面还可通过更加完整地保留原有生态系统来体现地域性。如德国杜伊斯堡北部天然公园，通过保留自生植物，来反映该地区的发展。公园中的植被大部分是自生的类似杂草的品种，这些物种和它们所面对的正在生锈的庞然大物形成了强烈的对比，表现了岁月的变迁，使公园成为一个后工业时代公园的典型。

2.6.2　文化特征

城市公园发展到今天，不再以最初的单纯欣赏风景为主，而是具有丰富的文化内涵，使城市公园具有地域性、历史性和归属性，易于被人们接受和认同，这成为现代城市公园设计的一个趋势。公园的地域性不仅表现在自然特征方面，还表现在地域的文化特征方面，包括当地的历史文物古迹、民风民俗、宗教建筑及遗迹、文化艺术等。城市的文化特征，也是城市记忆的一部分，是区别于其他城市的关键所在，寓丰富地域文化内涵于公园景观设计之中，有助于展现城市特点，弘扬城市文化。

南京的公园在景观营造时常依托于南京六朝古都的历史背景，如玄武湖公园。昆明的公园多凭借其独有而多元化的少数民族文化，营造出独特的少数民族风情，如民族村。

在公园规划时，设计师应结合城市的地域性特点，因地制宜，充分利用城市的现有资源，结合地域文化，匠心独运地安排特色因素，形成地方自然和人文精神等相融合的特色景观，实现城市公园在塑造城市形象、改善城市环境以及满足人们多层次活动需要的三大功能的优化组合。

第3章

公园规划设计方法

GONGYUANGUIHUASHEJIFANGFA

3.1　公园设计的内容

3.1.1　确定公园的出入口

公园出入口的确定可以说是公园规划设计中比较重要的一部分，出入口设计的位置及其景观直接影响着公园的人流量及效果。

公园的出入口可以分为主要出入口、次要出入口及专用出入口三种。主要出入口的确定要与城市规划相协调，结合公园内各分区的布局要求、地形地貌等因素综合考虑。合理的主次要出入口都必须满足以下几个要求：

（1）方便到达　靠近公交站台、居民生活区或人流量大的地方。

（2）有足够的集散空间　主要出入口前需设置集散广场，以避免大量游人出入时影响城市道路交通，同时确保游人安全。

（3）设计美观，与周边环境协调　公园出入口的景观起到装饰市容的作用，需要满足外观美丽和与环境协调的要求，使其成为城市园林绿化的橱窗。

3.1.2　制订公园用地比例

公园用地比例应根据公园类型和陆地面积确定。制订公园用地比例，目的在于确定公园的绿地性质，以避免公园内建筑物面积过大，破坏环境和景观，从而造成城市绿地的减少或损坏（见表3-1）。

表3-1　公园用地比例（%）

陆地面积/hm²	用地类型	公园类型												
		综合性公园	儿童公园	动物园	专类动物园	植物园	专类植物园	盆景园	风景名胜公园	其他专类公园	居住区公园	居住小区游园	带状公园	街旁游园
<2	I	—	15~25	—	—	—	15~25	15~25	—	—	—	10~20	15~30	15~30
	II	—	<1.0	—	—	—	<1.0	<1.0	—	—	—	<0.5	<0.5	—
	III	—	<4.0	—	—	—	<7.0	<8.0	—	—	—	<2.5	<2.5	<1.0
	IV	—	>65	—	—	—	>65	>65	—	—	—	>75	>65	>65
2~<5	I	—	10~20	—	10~20	—	10~20	10~20	—	10~20	10~20	—	15~30	15~30
	II	—	<1.0	—	<2.0	—	<1.0	<1.0	—	<1.0	<0.5	—	<0.5	—
	III	—	<4.0	—	<12	—	<7.0	<8.0	—	<5.0	<2.5	—	<2.0	<1.0
	IV	—	>65	—	>65	—	>70	>65	—	>70	>75	—	>65	>65
5~<10	I	8~18	8~18	—	8~18	—	8~18	8~18	—	8~18	8~18	—	10~25	10~25
	II	<1.5	<2.0	—	<1.0	—	<1.0	<2.0	—	<1.0	<0.5	—	<0.5	<0.2
	III	<5.5	<4.5	—	<14	—	<5.0	<8.0	—	<4.0	<2.0	—	<1.5	<1.3
	IV	>70	>65	—	>65	—	>70	>70	—	>75	>75	—	>70	>70

（续）

陆地面积/hm²	用地类型	综合性公园	儿童公园	动物园	专类动物园	植物园	专类植物园	盆景园	风景名胜公园	其他专类公园	居住区公园	居住小区游园	带状公园	街旁游园
10~<20	Ⅰ	5~15	5~15	—	5~15	—	5~15	—	—	5~15	—	—	10~25	—
	Ⅱ	<1.5	<2.0	—	<1.0	—	<1.0	—	—	<0.5	—	—	<0.5	—
	Ⅲ	<4.5	<4.5	—	<14	—	<4.0	—	—	<3.5	—	—	<1.5	—
	Ⅳ	>75	>70	—	>65	—	>75	—	—	>80	—	—	>70	—
20~<50	Ⅰ	5~15	—	5~15	—	5~10	—	—	—	5~15	—	—	10~25	—
	Ⅱ	<1.0	—	<1.5	—	<0.5	—	—	—	<0.5	—	—	<0.5	—
	Ⅲ	<4.0	—	<12.5	—	<3.5	—	—	—	<2.5	—	—	<1.5	—
	Ⅳ	>75	—	>70	—	>85	—	—	—	>80	—	—	>70	—
≥50	Ⅰ	5~10	—	5~10	—	3~8	—	—	3~8	5~10	—	—	—	—
	Ⅱ	<1.0	—	<1.5	—	<0.5	—	—	<0.5	<0.5	—	—	—	—
	Ⅲ	<3.0	—	<11.5	—	<2.5	—	—	<2.5	<1.5	—	—	—	—
	Ⅳ	>80	—	>75	—	>85	—	—	>85	>85	—	—	—	—

注：Ⅰ—园路及铺装场地；Ⅱ—管理建筑；Ⅲ—游览、休憩、服务、公用建筑；Ⅳ—绿化园地。
本表引用自《上海市绿化行政许可审核实施细则（暂行）》。

3.1.3　公园容量计算

公园的游人容量按公式计算：

$$C=A/A_m$$

式中　C——公园游人容量（人）；

　　　A——公园总面积（m²）；

　　　A_m——公园游人人均占有面积（m²/人）。

根据《公园设计规范》CJJ 48—1992：市、区级公园游人人均占有公园面积以60m²为宜，居住区公园、带状公园，居住小区游园以30m²为宜，近期公园绿地人均指标低的城市，游人人均占有公园面积可酌情降低，但人均占有公园的陆地面积不得低于15m²，风景名胜公园游人人均占有公园面积宜大于100m²。水面和坡度大于50%的陡坡山地面积之和超过总面积的50%的公园，游人人均占有公园面积应适当增加，其指标应符合以下规定（见表3-2）。

表3-2　水面和陡坡面积较大的公园游人人均占有面积指标

水面和陡坡面积占总面积比例（%）	0~50	60	70	80
近期游人占有公园面积/（m²/人）	≥30	≥40	≥50	≥75
无期游人占有公园面积/（m²/人）	≥60	≥75	≥100	≥150

注：本表引用自《公园设计规范》。

3.1.4 公园的地形设计

公园总体规划在出入口确定，功能分区规划的基础上，必须进行整个公园的地形设计。无论规则式、自然式或混合式园林，都存在着地形设计的问题。地形设计牵涉公园的艺术形象、山水骨架、种植设计的合理性、土方工程的问题。从公园的总体规划角度来看，地形设计最主要的是要解决公园为造景的需要所要进行的地形处理。

1.地形设计时不同设计风格应采用不同的手法

规则式园林的地形设计主要是应用直线和折线，创造不同高程平面的布局。如规则式园林中的水体，主要以长方形、正方形、圆形或椭圆形为主要造型的水渠，水池。一般水渠底部、水池底部也为平面的在满足排水要求下，标高基本相等（见图3-1）。

图3-1 厦门海湾公园以直线和折线形成规则式水池

自然式园林的地形设计，首先要根据公园用地的地形特点，一般有以下几种情况：原有水面或低洼沼泽地；城市中的河网地；地形多变，起伏不平的山林地，平坦的农田、菜地或果园等。无论上述哪种地形，基本的手法，即《园冶》中所指出的"高方欲就亭台，低凹可开池沼"的挖湖堆山法。即使一片平地，也是平地挖湖，将挖出的土方堆出人造山。

2.地形设计应结合各分区规划的要求

安静休息区、老年人活动区等要求有一定山林地，溪流蜿蜒的小水面或利用山水组合空间造成局部幽静环境。而文娱活动区域，不宜地形变化过于强烈，以便能开展大量游人短期集散的活动。儿童活动区不宜选择过于陡峭、险峻地形，以保证儿童活动安全。

3.公园地形设计应与全园的植物种植规划紧密结合

公园中的块状绿地、密林和草坪，应在地形设计中结合山地、缓坡考虑；水面应考虑为水生、湿生、沼生植物等不同的生物学特性改造地形。山林地坡度应小于33%，草坪坡度不应大于25%（见图3-2）。

图3-2 厦门湖里公园的高差处理与植物景观

4.地形设计时竖向控制的内容

竖向控制的内容包括：山顶；最高水位、常水位、最低水位；水底；驳岸顶部；园路主要转折点、交叉点和变坡点；主要建筑的底层和室外地坪；各出入口内、外地面；地下工程管线及地下构筑物的埋深等。为保证公园内游园安全，水体深度一般控制为1.5~1.8m。硬底人工水体的近岸2.0m范围内的水深不得大于0.7m，超过者应设护栏。无护栏的园桥、汀步附近2.0m范围以内的水深不得大于0.5m。

3.2 公园规模容量的确定

公园的空间规模是一种度量关系，是指为满足社区内城市居民游憩活动需求及各种游憩设施所需的土地或休憩空间的大小。

公园面积大小按照规划区城市总体规划和绿地系统规划中的分配面积而定，且与该公园的性质、位置等密切相关。市级综合性公园面积应大于10hm²，区县级公园面积可依情况适当减小。

公园设计必须确定公园的游人容量，作为计算各种设施的容量、数量、用地面积以及进行公园管理的依据。依据公园设计规范，公园游人容量应按下式计算：

$$C = A/A_m$$

式中　C——公园游人容量（人）；

　　　A——公园总面积（m²）；

　　　A_m——公园游人人均占有面积（m²/人）。

3.3 公园设计的程序

公园规划设计应充分考虑该绿地的功能以及周边环境、地理状况，即要符合使用者的期望和要求。规划者需要结合当地居民的需求以及生活现状、生活环境，明确该公园对人们生活环境的改善和所提供的价值来进行全面探讨及规划。公园规划设计程序可以分为任务书、调查研究、编制总体设计任务文件、总体规划、技术设计、施工设计六个阶段。

3.3.1 任务书阶段

该阶段是充分了解设计委托方对公园设计的预期愿望、对设计所要求的造价及时间期限等内容。

3.3.2 调查研究阶段

1.自然条件的调查

（1）气象特征　包括气温（平均温度、绝对最高温度、绝对最低温度）、降水量、湿度、风（风速、风向、风力、风玫瑰图）、霜冻期、大气污染等。

（2）地形地貌　包括地形起伏度、山脉走向、坡度、谷地开合度、低洼地、沼泽地、安全评价等。

（3）土壤性质　包括土壤的物理化学性质、坚实度、通气透水性能、肥沃度、土层厚度、地下水位等。

（4）水质水位　包括水系分布状况、水位（常水位、最低及最高水位）、河床情况、水质分析（化学分析、细菌检验）、水流方向等。

（5）动植物状况　包括植物及野生动物的数量、群落、分布状况，古树名木统计，植物覆盖范围、姿态及观赏价值的评定等。

2.社会条件的调查

（1）交通条件 包括规划地所处的地理位置与城市交通的关系，人流集散方向、数量，交通路线，交通工具，停车场、码头、桥梁状况等。

（2）现有设施 包括给水排水设施，能源、电话通信设施，原有建筑物的位置、面积、用途，文化娱乐体育设施等。

（3）工农业生产情况 包括农用地及主要产品、工矿企业分布及生产对环境的影响等。

（4）历史文脉 包括文化古迹种类、历史文献遗迹、民俗民风等。

3.资料的分析及利用

将收集到的资料进行整理、分析、判断，以有价值的内容作为依据，勾画出大体骨架，作造型比较，决定设计形式，为规划设计提供参考。

4.规划设计图的准备

（1）现状测量图 包括原有物的位置、大小、坐标、方位、红线、范围、比例尺、地形、坡度、等高线等；邻近环境状况、居住区位置、主要道路方向、交通人流量、该地区未来发展状况；能源、水系利用状况；建筑物位置、大小、风格形式，表示出保留、拆除、利用、改造意见；现有树木种类，设施，给水排水情况等。

（2）总体规划图 小型公园（8hm^{2}以下）比例尺采用1:500，中等公园（8~100hm^2）比例尺采用1:1000~1:2000，大型公园（100hm^{2}以上）比例尺采用1:2000或1:5000。

（3）技术设计测量图 比例尺为1:5000，方格测量桩距离为20~50m；等高线间隔为0.25~0.5m；标注道路、广场、水面、地面、各建筑物的标高；绘出各种公用设备网、地形、岩石、水面、乔灌木群落位置，要保留建筑的平面位置及内外标高、立面、尺寸、色彩等。

（4）施工所需测量图 比例尺为1:200，方格木桩大小视平面大小和地形而异，等高线间距为0.25m，重要地点等高线间距为0.1m；画出原有主要树木形状、树形大小，树群及孤植树种、花灌木丛轮廓面积，好的建筑、山石、泉池等。

3.3.3 编制总体设计任务文件阶段

编制总体设计任务文件是进行公园设计的指示性文件，主要包括：

1）公园设计的目标、指导思想和原则。

2）公园和城市规划、绿地系统规划的关系，确定公园性质和主要内容，以及设计的艺术特点和风格。

3）公园地形地貌的利用和改造，确定公园的山水骨架。

4）确定公园的游人容量。

5）公园的分期建设实施程序及建设的投资估算。

3.3.4 总体规划阶段

根据总体设计任务文件，对公园进行总体规划。规划成果主要包括图样和设计说明两

个方面。

1.图样

（1）区位图　表示该公园在城市区域内的位置，显示公园与周边的关系，可由城市总体规划图中获得，比例为1:5000~1:10000。

（2）综合现状图　根据照片、现状实测等写实媒介所掌握的资料，经过分析、整理、归纳后，分成若干空间。可用圆形图或抽象图形将其概括表示，比例为1:500~1:2000。

（3）现状分析图　对规划地调查和分析阶段的成果进行分项图示解说。

（4）功能分区图　根据总体设计的目标、指导思想和原则、现状，分析不同游人的活动规律及需求，确定并划分不同区域，满足不同功能需求。用示意说明的方法，体现其功能、形式及相互关系。

（5）总体规划设计图　明确表示边界线；公园主次要及专用出入口的位置、面积、布局形式；道路广场、停车场、导游线路的组织；种植类型分布；公园地形、水体、工程构筑物、铺装、山石、景墙等，比例为1:500、1:1000~1:2000。

（6）竖向控制图　清晰标明各出入口内外地面高程；主要景物高程；主要建筑物的室内地面及室外地坪高程；山顶高程；最高、最低水位以及常水位；驳岸顶部高程；园路主要转折、交叉点高程；地下管线及地下构筑物的埋深等。

（7）道路系统图　明确公园的主要出入口及主要道路、广场位置；次要干道、游步道等的位置、宽度、路面材料、铺装形式等。

（8）种植设计图　根据设计原则、现状及苗木来源确定公园的基调树种、骨干造景树种；确定植物种植形式，如密林、疏林、树群、树丛、孤植树、花坛、花境、草坪等；设定景点位置、开辟透景线、确定景观轴。

（9）管线设计图　供水管网的布置及雨水和污水的水量，排放方式，管网分布情况等；分区供电设施，配电方式，电缆的铺设以及各区、各点的照明方式，广播、通信设施的位置。

（10）全景鸟瞰图、局部效果图等。

2.设计说明

设计说明要阐述公园建设方案的规划设计理念及意图。具体内容包括以下几个方面：

1）公园的位置、规模、现状及设计依据、公园性质、设计原则及目的等。

2）功能分区以及各分区的内容、面积比例。

3）设计内容（出入口、道路系统、竖向设计、山石水体等）。

4）绿化种植布置及树种选择。

5）水电等各种管线铺设说明。

6）公园建设计划安排。

7）其他。

3.3.5　技术设计阶段

技术设计阶段即详细设计阶段。根据总体规划的设计要求，进行每个局部的技术设计，是介于总体规划与施工设计阶段之间的设计。

（1）平面图 根据公园的地形特征或功能分区进行局部详细设计。用不同粗细及形式的线条画出等高线、园路、广场、建筑、水池、驳岸、树林、灌木、草坪、花坛、山石、雕塑等的位置及标高，比例尺一般为1:500。

（2）地形设计图 确定地形地势，地形需表示出湖、潭、溪、滩、沟以及岛、堤等水体造型。确定主要园林建筑、广场、道路变坡点的高程等。为更好地表达设计意图，要在重要地段或艺术布局最重要的方向作断面图，比例尺一般为1:200~1:500。

（3）分区种植设计图 在总体设计方案确定后，准确地反映乔木的种类、种植位置、数量、规格等，主要包括疏林、密林、树群、树丛、园路树、湖滨树的位置，以及花坛、花境、灌木丛、草坪、水生植物的种植设计图，比例尺一般为1:500。

（4）管线设计图 水、电、气、通信等管网的位置、规格及埋深。

3.3.6 施工设计阶段

在施工设计阶段，应完善施工设计图，并做好施工组织计划以及施工程序。

（1）施工总图 又称为放线图，表现各设计因素的平面关系和各自的准确位置，体现放线坐标网、基点、基线的位置，包括原有的建筑物、树木、管线、设计地形等高线、高程、广场、道路、园林小品等。放线坐标网要做出工程序号、透视线等。

（2）竖向设计图 又称为高程图，表现各设计因素的高差关系，包括竖向设计平面图和竖向设计剖面图。竖向设计平面图如现状等高线、设计等高线、高程，水体的平面位置、水底高程及排水方向，园林建筑的位置、高程及填挖方量等；竖向设计剖面图可表示主要部位地形轮廓及高度，表示水体平面及高程变化，水体、山石、汀步及驳岸处理等。

（3）道路广场设计图 主要表现公园内道路和广场的具体位置、面积、高程、坡度、排水方向、路面铺装、结构以及与绿地的关系。园路能引导游人，创造连续展示园林景观的空间，及欣赏前方景物的透视线，但园路的设计要具有可识别性及方向性，园路铺装材料的选择应根据其功能要求确定，并与公园风格相协调。

（4）植物种植设计图 又称为植物配置图。种植设计图主要体现乔、灌木及地被的位置、品种、种植方式、种植密度等。图样包括平面图及大样图，平面图是根据树木规划，在施工总图的基础上，用图例表现出各植物的具体位置及种植方式、间距等；大样图是对重点树群、树丛、绿篱、花坛、花境等的详细描述。

（5）园林建筑设计图 表现各景区园林建筑的位置及建筑特征、色彩、做法等，可参照建筑制图标准设计。

（6）管线设计图 在平面上表达管线的具体位置、坐标，并注明管长、管径、高程及接头处理。

（7）园林小品设计图 包括小品的位置、平立面图、剖面图等，并注明高度及要求，如假山、雕塑、栏杆、标牌等。

（8）苗木及工程量统计表 苗木统计表中包括苗木的编号、品种、数量、规格、来源

等，工程量统计表中包括项目、数量、规格等。

（9）设计工程预算　工程建设预算主要包括土建工程项目以及园林绿化工程项目两部分的预算。土建项目包括园林建筑及服务设施、道路交通、体育娱乐设施、水电通信设施、园林设施、山景水景工程等；园林绿化工程项目包括观赏植物的引种栽培，风景林的改造及营造，观赏经济林等。

第4章

ZONGHEGONGYUAN 综合公园

4.1 综合公园的相关概念

4.1.1 综合公园的含义

根据原建设部发布的我国行业标准《城市绿地分类标准》（GJJ/T 85—2002），将城市绿地分为五个大类：公园绿地、生产绿地、防护绿地、附属绿地、其他绿地。其中公园绿地是指向公众开放，以游憩为主要功能，兼具生态、美化、防灾等作用的绿地，包括综合公园、社区公园、专类公园、街旁绿地等。并将综合公园解释为：内容丰富，有相应设施，适合于公众开展各类户外活动的、规模较大的绿地。综合公园是具有较完善的设施及良好环境，可供游客和居民游憩休闲、游览观光的，有一定规模的城市绿地。

综合公园由全市性公园和区域性公园组成。全市性公园是为全部市民服务，有活动内容丰富、设施完善的绿地；区域性公园是为市区内一定区域的居民服务，具有较丰富的活动内容和设施较完善的绿地。因各城市的性质、规模、用地条件、历史沿革等具体情况不同，综合公园的规模和分布差异较大，所以对综合公园的最小规模和服务半径要求也不同。

4.1.2 综合公园的分类

按在城市中的位置和服务面积，可分为全市性公园和区域性公园。

1.全市性公园

全市性公园的面积根据市域居民总人数规模而定，面积一般为10~100hm²。大城市或特大城市可设五处或以上，服务半径为4~5km；中小城市可设1~2处，服务半径为3~4km。如美国纽约中央公园、中国北京的陶然亭公园、上海的长风公园、广州的越秀公园等都属于全市性综合公园（见图4-1）。

a）

b）

c）

图4-1　公园鸟瞰图

a）美国纽约中央公园　b）上海长风公园　c）广州越秀公园

2.区域性公园

区域性公园的面积由该区域居民人数和游人量而定,一般服务半径为1~1.5km。如青岛市的观海山公园、贵阳市金阳新区的观山湖公园、昆明的海埂公园,主要为区域内的居住人群服务,此外也会吸引其他区域的人群。

4.1.3 综合公园面积的确定

根据公园的性质、任务、内容要求,综合公园应该包括丰富的活动内容和设施,用地面积较大,一般不少于10hm²,节假日游人的容纳量为服务范围居民人数的15%~20%。综合公园的设计面积指标可采用15~60m²/人,设定一定的容纳量。

4.1.4 综合公园位置的选择

1)方便居民使用,交通便利,与城市主要道路有密切联系,如厦门的白鹭洲公园。

2)地形稍复杂,坡地最好平缓,也可有起伏较大的地方,以方便公园布置,如成都的人民公园。

3)河湖水系质量较适宜的地方,如黄冈的遗爱湖公园。

4)自然资源优越,人文景观丰富,植物较多的地段,如长沙的烈士公园。

5)应考虑将来可持续发展的余地,保留发展备用地和规模的扩大,如厦门忠仑公园。

4.1.5 综合公园主要活动与设施

(1)观赏游览 包括有山石、雕塑、水景、植物、建筑、文物古迹等。

(2)安静休息 包括看书、垂钓、书法、棋艺、散步、静思、气功等。

(3)文化娱乐 包括猜谜、历史文化事件展示、划船、看电影、跳舞等。

(4)儿童活动 包括游戏、嬉水、滑梯、迷宫、体育、科普等。

(5)老年人活动 包括下棋、跳舞、健身、打太极、逗鸟等。

(6)体育活动 包括跑步、游泳、滑冰、打球、武术、滑雪、滑草等。

(7)政治文化和科普教育 包括展览陈列、阅览、科技活动、动植物园等。

(8)服务设施 包括问讯处、警务室、接待处、茶室、小卖部、电话亭、停车场、厕所、垃圾池等。

(9)园务管理。包括办公室、值班室、广播室、车库、仓库等。

4.1.6 影响综合公园设施内容的主要因素

1)当地居民的生活习惯与爱好、人口年龄构成。

2)公园所在城市中的位置。

3)公园周围的文化娱乐设施。

4)公园面积大小。

5)公园现有自然条件和人文条件。

6）新的规划设计思路、风潮影响，游客观念的转变。

4.2 功能分区

主要的功能分区包含七个分区：科普及文化娱乐区、观赏游览区、安静休息区、儿童活动区、老年人活动区、体育活动区、公园管理区。根据需要还可设置其他功能分区。

4.2.1 科普及文化娱乐区

本区的主要功能是开展科学文化教育，使广大游人在游乐中接受到文化科学、生产技能等的教育。它具有活动场所多、活动形式多、人流量多等特点，可以说是全园的中心。其主要设施有展览馆、画廊、文艺宫、阅览室、剧场、舞厅、青少年活动室等。

文化娱乐区的规划，应尽可能巧妙地利用地形特点，创造出景观优美、环境舒适、投资少、效果好的景点和活动区域。利用较大水面设置水上活动，利用坡地设置露天剧场。园内的主要园林建筑在此区是布局的重点，因此常位于公园的中部和重要节点处。

该区由于集散时间集中，所以要妥善组织交通，尽量接近公园的出入口，或单独设专用出入口，以便快速集散游人。

1.特点

1）文化娱乐项目集中布置。

2）活动丰富。

3）人流集中、热闹、喧哗。

4）集散要求高。

5）游人密度大，人均用地30m²。

6）建筑较密集，建筑功能各异。

2.布局要求

1）在公园适中位置。

2）因地制宜，按照功能布置设施，使设施适得其所。

3）项目间应适当分隔。

4）要方便疏散，人流量大的项目尽量接近公园出入口。

5）道路及设施设置要系统合理。

6）要注意利用地形、地势、地貌，因地制宜。

7）可布置动、植物展区，设小动物园、小植物园或品种园，选择常绿植物和不同时期绽放的植物，让园区四季丰富。

8）水电设施要齐备，合理布置给水排水、电力通信设施。

4.2.2 观赏游览区

本区主要功能是供人们游览、休息、赏景，往往选择山水景观优美地域，结合历史文物、名胜古迹，建造盆景园、展览温室，或布置观赏树木、花卉的专类园。配置假山、石艺，点以摩崖石刻、匾额、诗句、对联，创造出情趣浓郁、典雅清幽的景区。

本区可以在园中广泛分布，宜设置在距出入口较远之处，地势起伏、临水观景、视野开阔之处，应与体育活动区、儿童活动区、闹市区分隔。其中适当设置阅览室、茶室、亭廊、画廊、凳椅等，但要求艺术性高。

4.2.3　安静休息区

安静休息区一般选择在具有一定起伏地形，如山地、谷地，或溪旁、河边、湖泊、河流、深潭、瀑布等最为理想，并且要求原有树木茂盛、绿草如茵。

该区的建筑一般设置在隐蔽处，宜散落不宜聚集，宜素雅不宜华丽。结合自然风景，设立亭、榭、花架、曲廊，或茶室、阅览室等。

安静休息区可选择在距主入口较远处，并与文娱活动区、体育区、儿童区有一定间隔，但与老年人活动区可以靠近，必要时老年人活动区可以建在安静休息区内。

1.特点

1）以安静的活动为主，如休息、学习、阅读等。

2）游人密度小、环境宁静，人均约占100m^2。

3）点缀布置有休息性的风景建筑。

2.布局要求

1）在地形起伏、植物景观优美处，如山林、河湖边。

2）安静活动区域可分为几处布置，不强求集中，宜多些变化。

3）环境既要优美，又要生态良好，环境生态质量要高。

4）建筑分散、格调素雅，适于休憩。

4.2.4　儿童活动区

本区是为促进儿童的身心健康而设立的，具有占地面积小、设施复杂等特点。其设施要符合儿童心理，造型尺度小、色彩鲜明，主要设施有秋千、滑梯、跷跷板和电动设施等。本区多布置在公园出入口附近或景色开朗处，入口处多数会设置雕像。

据测算，公园中儿童人数占游人量的15%～30%。上述百分比数与公园所处的位置、周围环境、居民区的状况有直接关系，也跟公园内儿童活动内容、设施、服务条件等有关。

在儿童活动区规划过程中，不同年龄的少年、儿童要分开考虑。一般考虑开辟学龄前儿童和学龄儿童的游戏娱乐活动场所。

活动场所主要有少年宫、迷宫、障碍游戏室、小型趣味动物角、少年体育运动场、少年阅览室、科普园地等。还有些与时俱进的电动设备，如森林小火车、单轨高空电车、电瓶车、CS儿童版游戏等内容。

儿童活动区的规划要点如下：

1）尽量设置在公园主入口处，便于儿童进园后，能尽快到达园地，开展自己喜爱的活

动，同时毗邻成人能够照看儿童的区域。

2）儿童区的建筑、活动设施宜选择造型新颖、色彩鲜艳的作品，如卡通形象，以引起儿童对活动内容的兴趣，同时也符合儿童天真烂漫、好动活泼的特征。

3）植物种植应选择无毒、无刺、无异味的树木、花草，修剪要圆滑，儿童区不宜用铁丝网或其他具伤害性的物品，以保证活动区内儿童的安全。

4）应考虑成人休息场所，有条件的公园，在儿童区内需设小卖部、盥洗室，厕所等服务设施。

5）儿童区活动场地周围应考虑遮阴树林、草坪、密林，并能提供缓坡林地、小溪流、宽阔的草坪，以便开展集体活动及夏季的遮阴。

4.2.5　老年人活动区

随着社会的发展，中国老龄化现象越来越明显，大量的退休老干部、老职工已形成社会上一个不可忽视的阶层。他们为了身体健康会按时活动，如早、晚两次到公园做晨操、打太极拳、打门球、跳老人迪斯科等。在公园中规划老年人休闲活动区十分必要。

老年人的生活需要安静，不宜吵闹，因此老年人活动区在公园规划中应当考虑设在安静休息区内，或安静休息区附近，同时要求环境优雅、风景宜人。

供老年人活动的主要内容有：老年人活动中心，开办书画班、盆景班、花鸟鱼虫班，组织老年人交际舞、老年人球队、老年人舞蹈队等。

1.特点

1）主要布置中老年人活动项目。

2）环境较安静，安排在静态区域。

3）面积不太大，必须有相对宽阔的锻炼场地。

4）一般在观赏游览区、安静休息区旁。

2.规划要点

1）注意动、静分区。

2）配置齐备的活动与服务设施。

3）注重景观的文化内涵和表现。

4）注意满足安全防护要求。

5）满足老年人的生活习惯、喜好。

4.2.6　体育活动区

本区的主要功能是为广大青少年提供开展各项体育活动、锻炼身体的场所，具有游人多、集散时间短、对其他项目干扰大等特点。本区可设置各种球类、溜冰、游泳、健身设施、划船等场地，其布局应尽量靠近城市主干道，或专门设置出入口。利用地势优势，凹地可设立游泳池，高处设置风景台，林间可遮阴的空地设置武术、太极拳、羽毛球等活动场地。

体育活动区应根据公园等其周围环境的状况而定。如果公园周围已有大型的体育场、体育馆，就不必在公园内开辟体育活动区。体育活动区除了举行专业体育竞赛外，还应做好广大群众在公园开展体育活动的规划安排。条件好的体育活动区设有体育馆，游泳馆、足球场、篮排球场、乒乓球室，羽毛球、网球、武术、太极拳场地等。

1.特点

1）以体育锻炼场为主。

2）人的密度随时段不同而变化。

3）环境相对比较喧闹。

4）在公园侧边，有专用出入口。

2.布置要求

1）周边应有隔离性绿化带。

2）体育建筑要功能齐全、讲究造型。

3）体育活动馆、活动中心等要与整个公园景观协调。

4）注重景观的文化内涵和表现。

5）设施不必全按专业体育场地配置，要有简单的医疗室。

4.2.7　公园管理区

本区的主要功能是管理公园各项活动，具有内务活动繁多的特点。一般设置在专用出入口附近、水源方便、内外交流联系方便之处、对游人服务方便的地段。管理区的主要设施有办公室、工具房、接待处、职工宿舍、食堂、苗圃等。公园管理工作主要包括管理办公、生活服务、生产组织日常事务、紧急情况的处理等方面内容。为维持公园内的社会治安，公园管理还包括治安保卫、派出所等机构。

4.3　出入口设计

公园出入口的设计，首先应考虑功能性，其次要考虑它在城市景观中所起到的标志性装饰作用。

《公园设计规范》（CJJ 48—1992）指出：市、区级公园各个方向出入口的游人流量与附近公交车站点位置、附近人口密度及城市道路的客流量密切相关，所以公园出入口位置的确定需要考虑这些条件。主要出入口前应设置集散广场，避免大量游人出入时影响城市道路交通，并确保游人安全。

公园主要出入口设计内容一般有公园内、外集散广场，保卫室，问讯处，园门，停车场，存车处，售票处，出入口护栏设施，围墙等。

4.3.1　出入口类型

公园出入口一般分为主要出入口、次要出入口和专用出入口三种。

1.主要出入口

主要出入口的确定，取决于园区和园区周边环境的关系、园区内的分布要求以及地形的特点等，进行全面衡量。主要出入口的位置应设在城市主要道路和公共交通方便的地方，但不要受外界环境交通的干扰。合理的公园主要出入口一般是1~2个，与城市交通干道连接，使城市居民便捷地抵达公园。

2.次要出入口

次要出入口是辅助性的，目的是为附近局部地区居民服务，一般在公园四周不同位置选定不同的出入口，也为联系局部的园区提供便利，避免周围居民绕大圈才得入园的不方便。数量一般是一至多个，设置在有大量游人出入的方向。

3.专用出入口

为了满足公园内的大量游人会短时间内集散在文娱设施场所，如剧院、展览馆、体育运动等。可在上述设施附近设置专用出入口以完善服务，方便管理和生产，并将公园管理处设置在专用出入口附近。

4.3.2 出入口宽度的确定

可按下列公式计算：

$$D=C \times t \times d \div q$$

式中　D——公园出入口总宽度（m）；

　　　C——游人容量（人）；

　　　t——最高进园人数/最高在园人数；

　　　d——单股游人进入宽度（1.5m）；

　　　q——单股游人高峰小时通过量（900人/h）。

公园游人容量应按下列公式计算：

$$C=A/A_m$$

式中　C——公园游人容量（人）；

　　　A——公园总面积（m^2）；

　　　A_m——公园游人人均占有面积（m^2／人）。

公园游人单个出入口最小宽度为1.5m，举行大规模活动的公园，应另设安全门（见表4-1）。

表4-1　公园游人出入口总宽度下限（m/万人）

游人人均在园停留时间/h	售票公园	不售票公园
>4	8.3	5.0
1~4	17.0	10.2
<1	25.0	15.0

注：单位"万人"是指公园游人容量。

本表引用自《公园设计规范》。

4.3.3 出入口的设置

1.集散广场

集散广场大小取决于游人量的多少或因景观艺术构图的需要而定。如上海的长风公园南大门前广场面积为50m×40m、北大门前广场面积为70m×25m（公园总面积为36.6hm²）；北京的紫竹院公园南大门前、后广场面积为48m×38m。广场有时设立一些纯装饰性的花坛、水池、喷泉、标示牌、园区介绍、雕塑、宣传牌、广告牌、公园导游图等。入口前广场应退后于街道建筑红线以内，形式可多种多样（见图4-2和图4-3）。

2.园门建筑

（1）大门建筑 讲究个性造型、符合环境。

（2）附属建筑 包括票务室、售票室、门卫室、物品寄存处、小卖部。

3.服务设施

包括问询处、寄存处、厕所、电话亭。

4.门景设施

包括喷水水景、雕塑、石头、花坛草坪、对植树、树丛等。

图4-2 厦门中山公园大门前用
花坛布置

图4-3 武荣公园入口广场

4.4 综合公园的道路交通设计

4.4.1 园路的功能与类型

1.园路的功能

连接园内外以及不同的分区、各类建筑、活动设施、景点、服务设施等，起着组织交通、引导游览的作用。同时也是公园的系统骨架、脉络、景点纽带、景观、构景的要素。

2.园路的类型

主干道、次干道、专用道、散步道、小道。

4.4.2 园路宽度

公园园路宽度指标（见表4-2）。

表4-2　公园园路宽度/m指标

园路级别	陆地面积/hm²			
	<2	2~<10	10~<50	>50
主干道	2.0~3.5	2.5~4.5	3.5~5.0	5.0~7.0
次干道	1.2~2.0	2.0~3.5	2.0~3.5	3.5~5.0
小道	0.9~1.2	0.9~2.0	1.2~2.0	1.2~3.0

注：本表引用自《公园设计规范》。

4.4.3 园路线形设计

1）主干道的纵坡宜小于8%，横坡宜小于3%。

2）山地公园的园路纵坡应小于12%，超过12%应作防滑处理。

3）主园路不宜设梯道，必须设梯道时，纵坡宜小于36%。

4）支路和小路纵坡宜小于18%，纵坡超过15%的路段，路面应作防滑处理。

5）纵坡超过18%的路段，宜按台阶、梯道设计，台阶踏步数不得少于2级，踏步高不超过15cm，坡度大于58%的梯道应作防滑处理并设置护栏。

6）通机动车的园路宽度应大于4m，转弯半径不得小于12m。

7）道路连接处应采用弧形，避免角度尖锐，并设置反光镜。

8）通往孤岛、山顶等卡口的路段宜设通行复线，须原路返回的宜放宽路面。

9）园路及铺装场地应根据不同功能要求确定其结构和饰面，面层材料应与公园风格相协调，并宜与城市车行路有所区别。

10）步行道路需进行无障碍设计，如设置盲道、坡道。

4.4.4 园路布局

1）根据公园绿地内容和游人容量大小来决定，要求主次分明，和地形密切结合，做到因地制宜。

2）山水公园的园路要依山傍水，采用自然式布置。

3）平地公园的园路要弯曲和缓，不要形成方格网状，根据地势多形式结合。

4）山地公园的园路纵坡宜小于12%，弯曲度大，密度应小，避免回头路。

5）大山园路蜿蜒起伏，小山园路可上下回环起伏。

4.4.5 弯道的处理

1）路的弯道设计应符合游人的行为规律。

2）弯道以内侧低、外侧高为宜。

3）特殊情况下弯道外侧应设置护栏。

4）弯道旁的景观避免重复，以防视觉疲劳。

5）设置转弯镜，避免弯道过大看不见来往车辆。

4.4.6　园路交叉口处理

1）两条主干道相交时，交叉口应按正交方式作扩大处理，形成小广场，以方便车行和人行。

2）小路应斜交，但不应交叉过多，两个交叉口不宜相距太近，相交角度不宜太小，不宜形成尖锐角度。

3）丁字交叉口应作扩大处理，形成小广场、中心岛，实现节点景观，可点缀风景。

4）上、下山路与干道交叉要自然，藏而不显，引导人流去向。

5）纪念性的综合公园园路宜正直交叉，形成庄重严肃的感觉。

4.4.7　园路与建筑关系

1）园路通往大建筑物的时候，应在建筑物前设集散广场，避免路上游人对建筑物内部活动带来干扰。

2）园路通往一般建筑物时，可在建筑物前适当加宽路面，或形成分支，以利分流。

3）园路一般不穿过建筑物，而从其四周绕过。

4.4.8　园路与桥关系

桥也是园中的一道亮丽的风景线，是园路跨过水面的建筑形式，要注意承载重量和游人流量最高限额。桥应设置在水面较窄处，桥身应与岸垂直，创造游人视线交叉，以利观景。主干道的桥以平桥为宜，桥头设广场，以利游人集散；小路上的桥多用曲桥或拱桥汀步，可设置在小水面中，步距以60~70cm为宜（见图4-4和图4-5）。

图4-4　平桥

图4-5 拱桥

4.5 综合公园的建筑小品设计

4.5.1 建筑小品概念

园中体量小巧、功能简明、造型别致、富有情趣、选址恰当的精美建筑物和构筑物，称为建筑小品。建筑小品在园中既能美化环境，丰富园趣，附有一定的功能性，既能为游人提供文化休息和公共活动的方便，又能使游人从中获得美的感受和良好的教益。

4.5.2 建筑小品设计要点

1）巧于立意。
2）独具特色。
3）将人工融于自然。
4）独具匠心。
5）符合使用功能及技术要求。

4.5.3 建筑小品的类型

1.服务小品

服务小品包括供游人休息、遮阳用的座椅、廊架、电话亭、洗手池、垃圾桶等。其特点是通常结合环境，用自然块石或用混凝土做成仿石、仿树墩的凳、桌；或利用花坛、花台边缘的矮墙和地下通气孔道来做椅、凳等；围绕大树基部设椅凳，既可休息，又能纳凉。

（1）座椅 座椅是公园中最常见的供游人休息的必要设施。在园中除了具有实用功能外，还具有观赏、休息、阅读、谈话的功能（见图4-6）。

座椅的设计要点如下：

1）满足游客的活动习惯及方便性、私密性的要求。

2）数量根据人流量、面积大小而定。

3）尺度应符合人体工程学。

4）融入环境并与自然结合。

4）设置在公园中有特色的位置。

5）设置在面向风景、视线良好的活动区域。

图4-6 座椅的形式

（2）廊架 廊架可作遮阴休息之用，并可点缀园景。在公园设计中，为了达到更好的景观效果，通常可以将廊架设计成花架形式。

花架以植物材料为顶，既具有廊的功能，又接近自然，融合于环境之中，一般尽可能用所配置植物的特点来构思，如葡萄、还有藤蔓植物，其布局灵活多样，形态有条形，圆形，转角形，多边形，弧形，复柱形等（见图4-7）。

花架的开间一般为3~4m，进深一般为2.7m、3m、3.3m，高度一般为3m。

花架的形式有以下几种：

1）廊式花架。片板支承于左右梁柱上，游人可入内休息，是公园最常见的形式。

2）片式花架。片板嵌固于单向梁柱上，两边或一面悬挑，形体轻盈活泼。

3）独立式花架。以各种材料作空格，构成墙垣、花瓶、伞亭等形状，用藤本植物缠绕成形，供观赏用。

图4-7 花架的形式

（3）垃圾箱 垃圾箱主要设置于休息观光通道两侧，主要形式有固定型、移动型、依托型等，大量的垃圾桶使游客随处可见，设计应独特，且融入环境（见图4-8）。

图4-8　垃圾桶的形式

2.装饰小品

各类绿地中的雕塑、铺装、景墙、窗、门、栏杆等，装饰手法丰富，在园林中起到重要的点缀作用，兼具其他功能。

（1）雕塑　雕塑是当代公共艺术中一种常见的表达方式，是城市生活和环境不可缺少的艺术样式，也是园区中重要的组成部分。雕塑小品可以赋予景观空间以生气和主题，通过小巧的格局、精美的造型来点缀空间，使空间富于意境，提高环境景观的精神品质（见图4-9）。

图4-9　公园雕塑

雕塑的类型：

1）按雕塑的表现手法分为具象雕塑和抽象雕塑。

2）按雕塑的工艺技法分为圆雕、浮雕、透雕。

3）按使用性质分为纪念性雕塑、主题性雕塑、功能性雕塑、装饰性雕塑等。

雕塑的设计要点：

1）注重雕塑的材质、布局、造型的整体性，及与环境空间、文化传统的统一性。

2）注意雕塑主景与配景的相得益彰。

（2）景墙　景墙的主要作用是造景，衬托主景，制造丰富的环境。现代景墙常以变化丰富的线条来表达轻快、活泼的氛围和风格；或以体现材料质感和纹理，或加以浮雕艺术衬托景观效果。主要的形式有石砌围墙、土筑围墙、砖围墙、钢管围墙、混凝土立柱铁栅围墙、木栅围墙等（见图4-10）。

图4-10 公园景墙

景墙的主要功能：

1）划分、引导和组织园区空间。

2）起到围合、标志、衬景的功能。

3）装饰、美化环境，制造气氛并获得亲切安全感。

3.展示小品

展示小品包括各种关于旅游和日常生活的导游信息标志、地图、园内景观特色、布告栏、路标、指示牌等，对人们具有一定的指导、宣传、教育的功能（见图4-11）。

展示小品的设计要点：

1）材料、造型、色彩及设置方式要与其他小品取得整体性，但又具有个性。

2）设计尺度较小、安放位置要易于被发现和方便阅读。

3）展示内容要清楚明了、通俗易懂。

图4-11 公园展示小品

4）展示内容要醒目，具有一定的视觉吸引力。

5）避免阳光直射展面。

4.照明小品

照明小品种类繁多，根据园区的需要，主要包括草坪灯、广场灯、景观灯、庭院灯、射灯等。而园灯的基座、灯柱、灯头、灯具都有很强的装饰作用（见图4-12）。

（1）草坪灯　草坪灯是用于庭院、绿地、花园、湖岸等的照明设施。绿地照明不同于一般广场照明，要能达到白天点缀景园，夜晚给人柔和之光的照明要求，功能上要求其舒适宜人、照度不宜过大、辐射面不宜过宽，间距不宜过密，有些兼具音箱的功能。

（2）行路灯　以方便游人在夜晚能看清园路为目的。行路灯灯杆高度在2.5~4m之间，灯距为10~20m分布于道路两侧，可采取平行式布置、曲线型布置等方式，尽量采用太阳能、风能等清洁能源。

（3）装饰灯　装饰灯造型多样，起点缀作用，用于在大型园林中渲染氛围、增添情趣、勾画庭园轮廓。

园灯使用的光源及特征：

1）汞灯：使用寿命长，是目前公园中最合适的光源之一。

2）金属卤化物灯：发光效率高，显色性好，也使用于照射游人多的地方，但使用范围受限制。

3）高压钠灯：效率高，多用于节能、照度要求高的场所，如道路、广场、游乐场之中，但不能真实地反映绿色。

4）荧光灯：由于照明效果好，寿命长，在范围较小的庭院中适用，但不适在广场和低温条件工作。

5）白炽灯：能使红、黄色更美丽醒目，但寿命短，维修麻烦。

图4-12　公园照明小品

4.5.4　建筑小品的创作要求

（1）立其意趣　根据当地的自然景观、人文风情、生活习俗，做出景点中小品的设计构思。

（2）合其体宜 选择合理的位置和布局，做到巧而得体，精而合宜。

（3）取其特色 充分反映建筑小品的特色，将其巧妙地融在园区造型之中。

（4）顺其自然 不破坏原有风貌，做到得景随形。

（5）求其因借 通过对自然景物形象的取舍，使造型简练的小品获得景象丰满充实的效应。

（6）饰其空间 充分利用建筑小品的灵活性、多样性，以丰富园林空间。

（7）巧其点缀 把需要突出表现的景物强化起来，把影响景物的角落巧妙地转化成为游赏的对象。

（8）寻其对比 把两种明显差异的素材巧妙地结合起来，相互烘托，显出双方的特点。

4.6 综合公园的竖向设计

竖向设计的目的是改造和利用地形，使确定的设计标高和设计地面能够满足公园道路、场地、建筑及其他建设工程对地形的合理要求，保证地面水能够有组织地排除，并力争使土石方量最小，最终使园中各个景点、各种设施及地貌等在高程上达到合理。

4.6.1 地面的竖向布置形式

1.平坡式

平坡式竖向布置，是把场地处理成接近于自然地形的一个或几个坡向的整平面，整平面之间连接平缓，无显著的坡度、高差变化。

2.台阶式

台阶式竖向布置，是由集合高差较大的不同整平面相连接而成的，在其连接处一般设置挡土墙或护坡等构筑物。

3.混合式

混合式竖向布置，是混合运用上述两种形式进行的竖向布置，根据使用要求和地形特点，把建设用地分为几个区域，以适应自然地形的复杂变化。

4.6.2 竖向设计的表示方法

竖向设计的表示方法主要有设计标高法、设计等高线法和局部剖面法三种。一般来说，平坦场地或对室外场地要求较高的情况常用设计等高线法表示，坡地场地常用设计标高法和局部剖面法表示。

1.设计标高法

设计标高法，也称为高程箭头法，该方法根据地形图上所指的地面高程，确定道路控制点（起止点、交叉点）与变坡点的设计标高和建筑室内外地坪的设计标高，以及场地

景观规划与设计

内地形控制点的标高，将其标注在图上。设计道路的坡度及坡向，反映为以地面排水符号（即箭头）表示不同地段、不同坡面地表水的排除方向。

2.设计等高线法

设计等高线法是用等高线表示地面、道路、广场、停车场和绿地等的地形设计情况。设计等高线法表达地面设计标高清楚明了，能较完整表达任何一块设计用地的高程情况。

3.局部剖面法

该方法可以反映重点地段的地形情况，如地形的高度、材料的结构、坡度、相对尺寸等，用此方法表达场地总体布局时的台阶分布、场地设计标高及支挡构筑物设置情况最为直接。对于复杂的地形，必须采用此方法表达设计内容。

4.7 植物种植设计

公园植物是公园造景的主体，是园林中有生命的主要材料，园中植物的合理配置，既能充分展示其本身的观赏特性，更能创造优美的环境艺术效果。

植物种植设计指根据公园布局要求，根据植物的形态、功能，对园中各种植物如乔木、灌木、攀援植物、藤蔓植物、水生植物、花卉植物及地被植物等之间的搭配以及这些植物与园中的山、水、石、建筑、道路的搭配位置的策划，以发挥它们的公园功能和观赏特性。不同形状的树木，经过合理的配置，其高低、大小、形状、色彩的变化会产生韵律感、层次感，对环境的景观效果起着巨大的作用，还可以陪衬其他造园题材，形成生机盎然的画面，创造出幽邃旷远的不同意境。科学、合理的植物种植设计在很大程度上决定了公园景观的观赏效果和公园各种功能的发挥，充分认识、科学选择、艺术配置绿化植物，对提高公园绿化水平，改善城市环境质量，保持生态平衡，创造公园优美的景观有重要的意义。

4.7.1 种植设计原则

1.遵循人与自然和谐统一的原则

以人为本，使"天—地—人"和谐相处，遵循生态原则，从生理、心理、大众行为、视觉景观、生态环境、资源条件等方面考虑，创造回归自然，融于自然的意境，达到人与自然的和谐统一。

2.总体艺术布局要协调

一般规则式园区，植物配置多采用对植、行植、片植等规则式布局，如地毯式布置方式。而在自然式园林中，则采用不对称的自然布局，充分体现植物材料的自然姿态。不同的环境要求采用不同的种植形式，如建筑物周围、主要道路及大门处，多采用规则式种植；而在自然山水、起伏草坪及不对称的小型建筑物附近，则采用自然式种植。要注意植物立体结构的韵律感，以求得总体布局的协调。

3.植物配置必须主次分明、疏密有致

多树种搭配种植、混植时可以一种或两种为主，切忌平分。常绿树四季常青，庄严深重，但缺乏变化；落叶树色彩丰富，比较轻松活泼，但冬季叶落萧疏。常绿树与落叶树互相搭配就能弥补各自的缺点而发挥优势。灌木群可以利用自然地形起伏，使之形成错落有致的轮廓线。乔木、灌木组成树丛时，开朗的空间要有封闭的局部；封闭的空间要开辟透视线，以形成虚实对比。

4.植物配置要注意季相的变化

植物的配置要做到"四季常青，三季有花"。园区植物的景色随季节变换而有变化，可分区、分段配置，使每个分区或地段突出一个季节植物景观主题，在统一中求变化。在重点地区，四季游人集中的地方，应使四季皆有景可赏，即使以一个季节景观为主的地段也应点缀其他季节的植物，否则一个季节过后，就会显得单调。

5.充分考虑植物的观赏特性

植物材料本身有各自的观赏特点，有观叶的、观花的、观果的、赏姿的、闻香的和听声的，充分利用其特点可以增强观赏性，提高景观效果，增加趣味性。

6.植物配置要与建筑物和谐协调

植物配置要按建筑的体型、结构全面考虑。体型较大、立面庄严、视野开阔的建筑物附近，要选主干高粗、树冠开阔的树种，高大的乔木要配置在建筑物稍远的地方。在结构细巧、玲珑、精美的建筑物四周，要选栽一些叶小、枝条纤细、树冠稠密的树种。

4.7.2 植物配置的形式

1.乔木的配置形式

主要有孤植、对植、行列植、丛植、群植、林带和林植等。

（1）孤植 孤植是指乔木的孤立种植类型，在特定的条件下，也可以是2~3株紧密栽植组成一个单元，但必须是同一树种，株距不超过3m，远看起来和单株栽植的效果相同。孤植树下不得配置灌木，一般配置地被植物。孤植树的主要功能是满足构图艺术上的需要，作为局部空旷地段的主景，外观上要挺拔繁茂，雄伟壮观（见图4-13）。

孤植树应选择具备以下几个基本条件的树木：

1）植株的形体美而较大，枝叶茂密，树冠宽阔，或是具有其他特殊观赏价值的树木。

2）生长健壮，寿命很长，能经受起重大自然灾害，宜多选用当地乡土树种中久经考验的高大树种。

3）树木不含毒素，没有带污染性并易脱落的

图4-13 凤凰木孤植

花果，以免伤害游人，或妨碍游人的活动。

（2）对植　对植是指用两株树按照一定的轴线关系作相互对称或均衡的种植方式，主要用于强调公园、建筑、道路、广场的入口，同时结合庇荫、休息，在空间构图上是作为配置用的。

在规则式种植中，利用同一树种、同一规格的树木依主体景物的轴线作对称布置，两株树的连线与轴线垂直并被轴线等分。规则式种植，一般采用树冠整齐的树种（见图4-14）。自然式对植是以主体景物中的轴线为支点取得均衡关系，分布在构图中轴线的两侧，必须是同一树种，但大小和姿态必须不同，动势要向中轴线集中，两树栽植点连成直线，不得与中轴线成直角相交。

图4-14　龙柏对植

（3）行列植　行列植是指将乔灌木按一定的株行距种植成排或在行内株距有变化的种植方式。行列植形成的景观比较整齐、单纯，像道路两侧的行道树与道路配合，可起夹景、引路的效果。

行列植是规则式园中绿化时采用最多的基本栽植形式，多用于建筑、道路、地下管线较多的地段，宜选用树冠体形比较整齐的树种，如圆形、卵圆形、倒卵形、塔形、圆柱形等，枝叶茂盛、树冠整齐，高于行人的头部，便于行人行走（见图4-15）。

图4-15　大王椰子沿湖边行列栽植

行列植的形式有两种：等行等距、等行不等距。

（4）丛植　丛植一般是由两到十几株乔木或乔灌木组合种植而成。丛植的配置形式有两株树丛的配合、三株树丛的配合、四株树丛的配合、五株树丛的配合。配置丛植的地面，可以是地被或是草地、花卉，也可以配置山石或台地。丛植是园林绿地中重点布置的一种种植类型，它以反映树木群体美的综合形象为主，这种群体美的形象是通过个体之间的组合来体现的，彼此之间要有统一的联系又有各自的变化，互相对比、互相衬托。选择作为组成树丛的单株树木条件与孤植树相似，必须挑选在树姿、冠幅、色彩、香味等方面有特殊价值的树木。

树丛可以分为单纯树丛及混交树丛两类。庇荫的树丛最好采用单纯树丛形式，一般不用灌木或少用灌木配置，通常以树冠开展的高大乔木为宜。而作为构图艺术上主景、诱导、配景用的树丛，则多采用乔灌木混交树丛（见图4-16）。

图4-16　乔灌木混交丛植

（5）群植　群植的单株树木数量一般在20株以上。树群所表现的主要为群体美，跟孤植树和树丛一样，是构图上的主景之一，因此树群应该布置在有足够距离的开阔场地上，如靠近林缘的大草坪、宽广的林中空地、水中的小岛屿、宽广水面的水滨、小山山坡上等。树群主要立面的前方，至少在树群高度的4倍、树群宽度的1.5倍距离上，要留出空地，以便游人欣赏。

树群可以分为单纯树群和混交树群两类。单纯树群由一种树木组成。树群的主要形式是混交树群。混交树群分为五个部分，即乔木层、亚乔木层、大灌木层、小灌木层及多年生草本植被。其中每一层都要显露出来，显露的部分植物观赏特征应突出其特色。乔木层选用的树种，树冠的姿态要特别丰富，可使整个树群的天际线富于变化；亚乔木层选用的树种，最好开花繁茂，或是有美丽的叶色；灌木应以花木为主；草本覆盖植物应以多年生野生性花卉为主，树群下的土面不能暴露。

图4-17　假槟榔群植

树群内植物的栽植距离要有疏密变化，要构成不等边三角形，切忌成行、成排、成带地栽植，常绿、落叶、观叶、观花的树木应用复层混交及小块混交与点状混交相结合的方式（见图4-17）。

（6）林带　林带在公园中用途很广，可屏障视线，分隔园区空间。自然式林带内，树木栽植不能成行成排，各树木之间的栽植距离也要各不相等，天际线要起伏变化，外缘要曲折。

林带可以是单纯林带，也可以是混交林带，要视其功能和效果的要求而定。乔木与灌木、落叶与常绿混交种植，在林带的功能上也能较好地起到防尘和隔音效果。防护林带的树木配置，可根据要求进行树种选择和搭配，种植形式均采用成行成排的形式。

林带要有连续风景的构图，图面根据游人前行的方向而演进，林带构图中要分主调、基调和配调，要有变化和节奏、有韵律，主调要随季节而交替。当林带分布在河滨两岸、道路两侧时，应成为复式构图，左右的林带不要求对称，但要考虑对应效果（见图4-18）。

图4-18　混交林带

（7）林植　凡成片、成块大量栽植乔灌木，构成林地或森林景观的称为林植或树林。林植多用于大面积公园安静区、风景游览区或休、疗养区卫生防护林带。树林可分密林和疏林两种，密林的郁闭度达70%~100%，疏林的郁闭度为40%~60%。密林和疏林都有纯林和混交林，密林纯林应选用观赏价值高且生长健壮的地方树种，密林混交林具有多层结构，大面积混交密林多采用片状或带状混交，小面积混交密林多采用小片状或点状混交。疏林多与草地结合，成为"疏林草地"，夏天可庇荫，冬天有阳光，草坪空地供游憩、活动，疏林的树种应有较高的观赏价值，生长健壮，树冠疏朗开展，要做到四季有景可观，景色变化多姿，深受游人喜爱（见图4-19）。

2.灌木的配置

灌木枝叶繁茂，可以增加树冠层次，很多灌木有艳丽的花果，配置适宜，可使景色更富变化。在高大乔木下布置适当的灌木，给人层次丰富的感觉，同时遮挡树干的不美观；路旁栽植灌木，紧靠路边的，要幽深自然，离路边远的，宜平坦开朗；草地边缘布置大片灌木丛，能增加空间的宁静感（见图4-20）。

图4-19　草地边林植

图4-20　灌木的搭配形式

由灌木或小乔木以近距离的株行距密植，栽成行或其他形状，紧密围合的种植形式，称为绿篱或绿墙。

（1）绿篱的分类　绿篱根据高度可划分为绿墙（160cm以上）、高绿篱（120~160cm）、绿篱（50~120cm）和矮绿篱（50cm以下）；根据功能要求与观赏要求可划分为常绿绿篱、花篱、观果篱、刺篱、落叶篱、蔓篱与编篱等（见图4-21）。

图4-21　绿墙和绿篱

（2）绿篱的作用与功能

1）防范与围护作用。园林中常以绿篱作防范的边界，可用刺篱、高绿篱或绿篱内加铁刺丝。绿篱可以组织游人的游览路线，按照所指的范围参观游览。不希望游人通过的可用绿篱围起来。

2）分隔空间和屏障视线。园林中常用绿篱或绿墙进行分区和屏障视线，分隔不同功能的空间，这种绿篱最好用常绿树组成高于视线的绿墙。如把儿童游戏场、露天剧场、运动场与安静休息区分隔开来，减少互相干扰。在自然式布局中，有局部规则式的空间，也可用绿墙隔离，使强烈对比、风格不同的布局形式得到缓和。

3）作为规则式园林的区划线。以中篱作分界线，以矮篱作为花境的边缘、花坛和观赏草坪的图案花纹。

4）作为花境、喷泉、雕像的背景。园中常用常绿树修剪成各种形式的绿墙，作为喷泉和雕像的背景，其高度一般要与喷泉和雕像的高度相称，色彩以选用没有反光的暗绿色树种为宜，作为花境背景的绿篱，一般均为常绿的高篱及中篱。

5）美化挡土墙。在各种绿地中，在不同高度的两块高地之间的挡土墙，为避免立面上的枯燥，常在挡土墙的前方栽植绿篱，把挡土墙的立面美化起来。

（3）绿篱的种植密度　根据使用目的、不同树种、苗木规格和种植地带的宽度而定。矮绿篱和一般绿篱，株距可采用30~50cm，行距为40~60cm，双行式绿篱呈三角形排列。绿墙的株距可采用1~1.5m，行距为1.5~2m。

3.花卉的配置

花卉的配置有规则式和自然式。规则式的布置一般采用花台、花坛、花境、花带、地毯、图案等形式，其特点是能集中地丰富某一局部景色，给人以强烈、鲜明、欢快的感受。自然式多采用疏落的丛植形式，使其点缀，饶有自然风趣。在花台配置花卉时，必须做到层次分明，色彩协调，开花整齐。花卉的配置多用补色对比组合，这样能产生强烈的色彩效果，相互映衬（见图4-22）。

图4-22　花境

4.攀援植物的配置

攀援植物生长快、枝繁叶茂、花色艳丽，在墙边、棚架花廊、屋顶、墙面均可种植，如蔷薇、爬山虎、紫藤、葡萄、凌霄、牵牛、金银花和鞭炮花等。能起到遮阴、防尘、隔音、隔热和装饰的作用，还可用来装饰灯柱、门框，丰富园景，是现代园林绿化的一种特殊形式（见图4-23）。

图4-23　攀援植物装饰圆柱、装饰花架

4.7.3 公园绿化树种的选择

由于综合公园面积大、立地条件及生态环境复杂、活动项目多，所以选择绿化树种不仅要掌握一般规律，还要结合公园特殊要求，因地制宜，以乡土树种为主，以外地珍贵的驯化后生长稳定的树种为辅；充分利用原有树木和苗木，以大树为主，适当密植；以速生树种为主，与长寿树种相结合。且所选树种要具有观赏价值，又有较强抗逆性、病虫害少的树种，不得选用有浆果和招引害虫的树种，以便于管理。

4.7.4 公园绿化种植布局

根据当地自然地理条件、城市特点、市民爱好等进行乔木、灌木、草坪的合理布局，创造优美的景观，既要做到充分绿化、遮阳、防风，也要满足游人对日光浴的需要。

1）可以选用2~3种树，形成统一基调，再选其他树木进行配置。在出入口、建筑物四周、儿童活动区以及园中的绿化应该富于变化。

2）在文化娱乐区、儿童活动区或闹区可选用橙、红、黄色等暖色调的植物花卉配合该区活泼热闹的设施，来营造热烈的气氛；在休息区、纪念区或安静区，可选用紫、绿、蓝色等冷色调的植物来保证自然肃穆的气氛；在游览休闲区，要形成季相动态变化，春季观花、夏季浓荫、秋季观叶、冬季有绿色的景观效果，以吸引游客欣赏。

3）公园近景绿化可选用强烈对比色，以求醒目；远景绿化可选用简洁的色彩，以求概括。

4.7.5 公园设施环境的绿化种植设计

1.公园出入口的绿化种植设计

大门为公园主要出入口，主要连接主干道。此处的绿化应注意丰富街景并与大门建筑相协调，同时还要突出公园特色。如果大门是规则式建筑，应采用对称式布置绿化；如果大门是不对称式建筑，则应采用自然式布置绿化。大门前可采用生态停车场，四周可用乔、灌木绿化，以便夏季遮阳及隔离四周环境；在大门内部可用花池、花坛、灌木与雕塑或导游图相配合，也可铺设草坪，种植花、灌木，但不应有碍视线，且须便利交通和游人集散（见图4-24和图4-25）。

图4-24 公园的出入口标志与花卉相结合

图4-25 公园大门以绿篱进行绿化

2.园路的绿化种植设计

主干道绿化可选用高大、浓荫、树冠宽阔的乔木配以耐阳的花卉植物在两旁布置花境，但在配置上要有利于交通，还要根据地形、建筑、风景的需要而起伏、蜿蜒。而深入到公园各个角落的小路，绿化要丰富多彩，达到步移景异的目的。山水园的园路多依山面水，绿化应点缀风景而不碍视线。而平地处的园路可用乔灌木树丛、绿篱、绿带来分隔空间，使园路高低起伏，体验丰富；山地则要根据其地形的起伏、环路等绿化需要而有疏有密；在有风景可观的山路外侧，宜种植矮小的花灌木及草花，以不影响景观；在无景可观的道路两旁，可以密植、丛植乔灌木，使山路隐在丛林间，形成林间小道。园路交叉口则是游人视线的焦点和引导人流的重要分叉口，可用花灌木点缀（见图4-26）。

图4-26　园路的绿化种植

3.广场绿化种植设计

广场绿化既不能影响交通，又要形成景观，方便休息及人流聚集。如休息广场，四周可植乔木、灌木，中间布置草坪、花坛，形成宁静的气氛。停车铺装广场，应留有树穴，种植落叶大乔木，利于夏季遮阳，但树冠下分枝高应为4 m，以便停车。如果与地形相结合种植花草、灌木、草坪，还可设计成山地、林间、临水之类的活动草坪广场（见图4-27和图4-28）。

图4-27　休息广场绿化种植形式　　　　图4-28　广场与地形相结合的绿化种植形式

PLANNING and design
of City Park landscape
城市公园 景观规划与设计

4.公园小品建筑周围的绿化种植设计

公园小品建筑附近可设置乔灌木、花台、花坛、花境等，建筑物门前可种植冠大浓荫的落叶大乔木或布置花坛等，沿墙可利用各种花卉境域，成丛布置花灌木。所有树木花草的布置都要和小品建筑相协调，与周围环境相呼应，四季色彩变化要丰富，给游人以愉快的感觉（见图4-29和图4-30）。

图4-29　雕塑小品周边的绿化种植　　　　图4-30　建筑小品周边的绿化种植

4.7.6　公园各功能分区的绿化种植设计

1.公园管理区的绿化种植设计

由于管理区属公园内部专用地区，规划应适当隐蔽，周围可用绿色植物与各区分隔，不宜过于突出，影响风景游览（见图4-31）。

2.科普及文化娱乐区的绿化种植设计

科普及文化娱乐区地形要求平坦开阔，坡度较小，园区的绿化要求以简洁为主，如草坪、花坛、花台、花境，便于游人集散。在室外铺装场地上应留出树穴，适当点缀几株常绿大乔木，也方便游人遮阴，不宜多种灌木，以免妨碍游人视线的通透和影响交通（见图4-32）。

图4-31　公园管理区的绿化种植　　　　图4-32　科普及文化娱乐区的绿化种植

3.体育活动区的绿化种植设计

体育活动区绿化一般选择生长速度快、高大挺拔、冠大而整齐的乔木和灌木，便于夏季遮阳。树种应不带刺、不落果。场地四周的绿化要离场地5~6m远，树种的色调不要复杂，以便形成绿色的背景。不要选用树叶反光发亮的树种，以免刺激运动员的眼睛（见图4-33）。

图4-33 体育活动区的绿化种植

4.儿童活动区的绿化种植设计

该区可选用生长健壮、冠大浓荫的乔木来绿化，忌用有刺、有毒或有刺激性反应的植物。四周应栽植浓密的乔灌木，与其他区域隔离。活动场地中要适当疏植大乔木，供夏季遮阳，且能接受阳光。出入口可设置雕塑、花坛、山石或小喷泉等，配以体型优美、色彩鲜艳的灌木和花卉，以增加儿童活动的兴趣（见图4-34）。

图4-34 儿童活动区的绿化种植

5.游览休息区的绿化种植设计

以当地生长健壮的树种为主，突出周围环境季相变化的特色。根据地形的高低起伏变化和天际线的变化，采用自然式配置树木。在林间空地中可设置草坪、亭、廊、花架、坐凳等，在路边或转弯处可设置专类园，并设置适当的私密、半私密的空间（见图4-35）。

图4-35 游览休息区的绿化种植

4.8 案例分析：重庆兰花湖公园

1.项目概况

重庆兰花湖公园位于重庆南岸区。丰富的历史文化孕育着南岸这块沃土，城区依山傍水，坐落长江之南，背靠铜锣山脉之南山，巴渝文化、抗战文化、开埠文化和宗教文化映衬其间，自然景观与人文景观交相辉映，人居环境得天独厚。随着社会经济的快速发展和城市建设的大步推进，南岸已成为中国优秀旅游城区、全国先进文化区、重庆市山水园林城区、环保模范区（见图4-36和图4-37）。

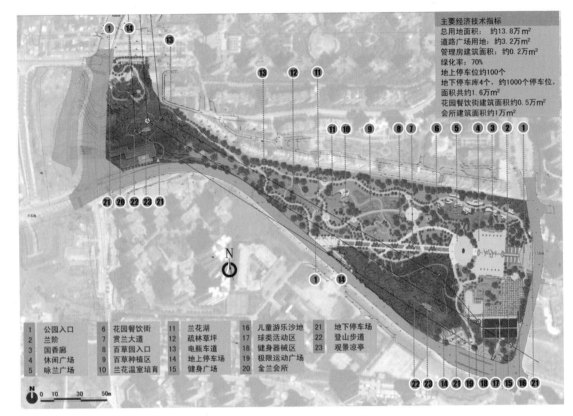

主要经济技术指标
总用地面积：　约13.8万m²
道路广场用地：约3.2万m²
管理房建筑面积：约0.2万m²
绿化率：70%
地上停车位约100个
地下停车库4个，约1000个停车位，
面积共约1.6万m²
花园餐饮街建筑面积约0.5万m²
会所建筑面积约1万m²

1	公园入口	6	花园餐饮街	11	兰花湖	16	儿童游乐沙地	21	地下停车场
2	兰阶	7	赏兰大道	12	疏林草坪	17	球类活动区	22	登山步道
3	国香廊	8	百草园入口	13	电瓶车道	18	健身器械区	23	观景凉亭
4	休闲广场	9	百草种植区	14	地上停车场	19	极限运动广场		
5	咏兰广场	10	兰花温室培育	15	健身广场	20	金兰会所		

N 0 10 30 50m

图4-36　兰花湖公园总平面图

图4-37　兰花湖公园鸟瞰图

2.项目调查

（1）项目场地调查　现状道路及周边小区等已经成形，且相对完善；弃土区杂草丛生，管理粗放；现状山包有一定的绿化，但缺乏景观性；现状水体基本干涸，同时局部已成居民菜地或自留地（见图4-38）。

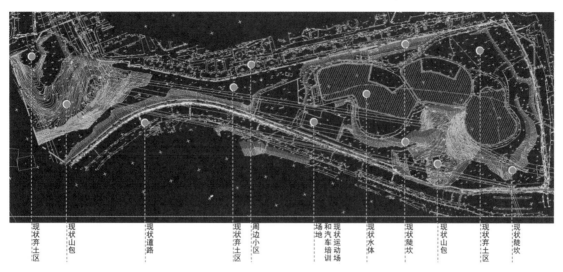

現状弃土区 現状山包 現状道路 現状弃土区 周边小区 現状运动场和汽车培训场地 現状水体 現状陡坎 現状山包 現状弃土区 現状陡坎

图4-38 兰花湖公园现状分析图

（2）项目用地评价

1）就势造地，因地制宜。

2）延续良好的植被现状，现有水体不保留，营造公园绿地，引用山地肌理；占据制高点，设置集散休闲广场观景平台和休息凉亭。

3.设计思考

（1）对项目区域设计的思考

1）适当增加雕塑艺术品及其他艺术造型的构筑物。

2）以"休闲、健身、文化、科普"为主题，增加各类相关的景观元素在各功能区的应用，使各功能区更具休闲性和观赏性，让游人在休闲的过程中了解地域文化（见图4-39）。

3）在功能上主要体现为群众性集会、大型文化活动、文化主题观光旅游、精神文化传播、养生休闲。

图4-39 兰花湖公园休闲小广场

4）对公园适当重新进行分区整合，结合地域特色，营造地域景观。

（2）设计构思 通过营造生态自然、健身活动、文化教育、科普教育的景观空间，获取人与自然和谐统一的境界，这是基础；置身其间，人们可以获得健康型的运动空间，这是前提，是提升精神文化内涵的前提；有了基础和前提，即物质文明和精神文明的双重保证，社会效益就有了提高的保障（见图4-40和图4-41）。

1）生态自然——亲近环境，促进人与自然的和谐统一。

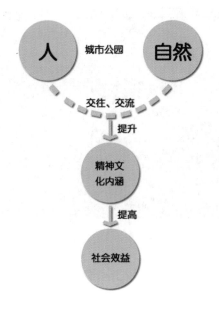

图4-40　兰花湖公园设计构思一

2）健身活动——亲近自己，给市民良好的健身环境。

3）结合"兰花"的主题展示中华兰文化。

4）科普教育——以中医药科普为主线，亲近自然，并提供学习、探险的机会。

图4-41　兰花湖公园设计构思二

4.设计方案

根据实地情况和功能需要，设计上对兰花湖公园的定位和主题做了如下分析：

1）兰花湖公园定位：城市社区公园。

2）以"休闲、健身、文化、科普"为设计主题。以健身活动和自然科普为介质进行串联和分割，重塑公园的生态形象，使其具有明显的大众化和娱乐性。

3）以文化复制、文化移植、文化陈列等手法迎合游憩者的好奇心，把休闲娱乐的内容贯穿公园各区域。

4）平衡自然与人、传说故事、场所空间的有机联系，使其具有公园生活与文化休闲的特质，提高旅游价值与商业居住价值。

兰花湖公园的景观空间布局分为"一轴、两点、四区"。

一轴：连接公园主入口和颂兰广场的景观轴线。

两点：场地的东南角山地和西北角山地。

四区：主入口区、健身活动区、疏林草坪区、次入口区（见图4-42）。

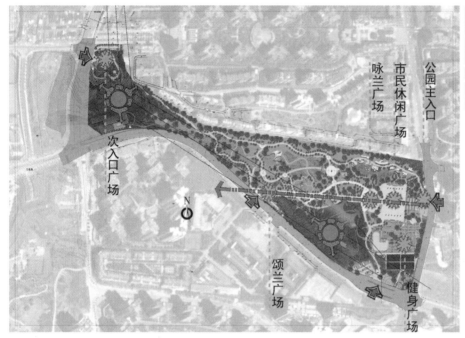

图4-42 兰花湖公园分区图

（1）主入口区 位于公园的东侧，包括入口广场和市民休闲广场。市民、游客可在此区域内集散、开展团体运动，同时布置喝茶聊天的场所，增加公园的可经营性项目（见图4-43和图4-44）。

图4-43 兰花湖公园市民休闲广场

图4-44 兰花湖公园休闲茶艺馆

（2）健身活动区 位于主入口的西侧，主要包括健身广场及周围的草坪区。草坪上放置一系列的健身器械，为市民提供良好的健身环境（见图4-45）。

（3）疏林草坪区 位于公园的中部，场地空旷、视野开阔，以大片草坪为主题，辅以数量不多的树形优美、树冠宽大的高大落叶乔木，市民、游客可在此区域内放松，运动（见图4-46）。

（4）次入口区 位于公园的西北侧，以次入口广场为主，该广场是兰花湖公园休闲娱乐的入口，以营造自然的公园环境为主，给居民和游客一个舒适的休闲娱乐环境（见图4-47）。

图4-45 兰花湖公园健身器械活动区

图4-46 兰花湖公园疏林草坪区

图4-47 兰花湖公园次入口广场

（本方案由厦门瀚卓路桥景观艺术有限公司提供）。

第5章

ERTONGGONGYUAN 儿童公园

儿童公园是融参与性、趣味性、互动性、知识性为一体的现代型主题公园，是风格独特、内容新奇有趣、互动性高的休闲娱乐场所，也是富有趣味的、自然的、生态的、生命力的文化精神场所。它具有与时俱进的功能和设施，是儿童成长的好课堂，能启迪孩子热爱生命、学习知识、融入环境和集体、互相交流、在大自然怀抱中快乐成长。它具有足够的吸引力、鲜艳的色彩、有趣的活动设施、体验型的游戏场地。

5.1 儿童公园相关概念

5.1.1 儿童公园定义

儿童公园一般指为少年儿童服务的户外公共活动场所，强调互动乐趣的功能性，一般常见于市内或郊区。同时儿童公园也强调了使用者主体的特殊性，一般作为儿童成长的重要社会活动场所。

5.1.2 儿童公园服务对象

儿童作为一个民族和国家的未来和希望，是所有成年人和长辈关心的对象，更是一个家庭的呵护对象。儿童公园的服务对象主要为少年儿童，同时也要兼顾成人及周边居民的需要。

5.1.3 儿童公园类型

根据儿童公园的性质，可以分为以下几种类型：

1.综合性儿童公园

综合性儿童公园一般面积和规模较大，其设施内容齐全，活动内容丰富，参与性高、绿地比例高，服务半径大，可为市属或区属。主要内容可包括文化教育、科普宣传、游戏娱乐、体育活动、公众游览、培训以及管理服务等，如莫斯科少年宫公园、杭州儿童公园、大庆儿童公园、迪士尼乐园等（见图5-1）。

2.特色性儿童公园

通过强化或突出某一活动内容、景观元素，并形成较完整的系统，形成某一主题和特色，使之成为专题园类。如儿童交通公

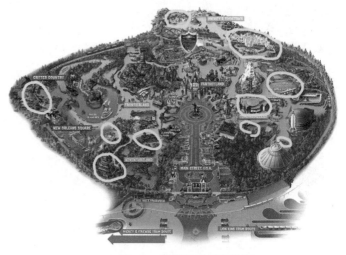

图5-1 迪斯尼乐园鸟瞰图

园、儿童植物园、儿童文化园、儿童体验园、儿童动物园、儿童科学公园等。

3.一般性儿童公园

这类儿童公园一般为区域内少年儿童服务，如社区儿童公园。其规划因地制宜，内容不求全面，但求方便实用。

4.儿童游戏场

独立设置或附属于其他城市公园或景区内的

图5-2　昆明海埂公园儿童游乐场

儿童游戏娱乐场所，占地面积不大、设施简易、布置紧凑，也称儿童活动区、儿童乐园、儿童游乐场。如上海杨浦公园儿童乐园、昆明海埂公园儿童游乐场等（见图5-2）。

5.2　儿童公园规划设计

5.2.1　儿童公园设计原则

1.以儿童为本，满足儿童不同的需求

儿童公园的设计应以服务儿童为宗旨，按不同年龄儿童的生理、心理和使用特点进行空间划分，深入探索儿童心理学。各种交通、游憩场地设施和滨水景观设施的布置要符合儿童群体的身体特征、心理需求、活动尺度。因此在儿童公园设计时，必须注意儿童在活动场地中走动、奔跑、攀登及爬行时的目光视线和身体尺度。

儿童对环境的需求是从生理需求到满足心理需求的过程，包含物质需求与精神需求两个方面，即公共、游戏等设施的齐全以及构成环境中各元素的造型、色彩、材质、机理、文化、动静状态等蕴含着儿童对环境的知觉与情感的信息，使其产生精神的愉悦与满足。儿童在环境中的需求主要表现在以下五个方面：

（1）满足"参与性"　参与性是一种人类实践的方法，能提高自身的学识和能力等。而在儿童公园中，儿童不光像课本和学校中那样的学习，还能有更多锻炼动脑、动手能力的机会。

（2）满足"互动性"　儿童在参与公园的活动中，能与不同的孩子进行交流，促进增长，强化从小培养人际交往的能力，使儿童为以后融入社会的发展做更好的准备。

（3）满足"表现欲"　表现欲是一种情感因素。儿童的情感外露性大，在儿童公园设计中应充分利用这种特点，对儿童在各种活动中流露出来的表现欲给以鼓励，增强自信、强化儿童表现自身能力和思想的欲望。

（4）满足"探知欲"　儿童天生对新鲜事物具有强烈好奇心，巧妙的设计能激发孩子的求知欲，对培养孩子们探索知识、发明欲望起到推动作用。

（5）满足"兴趣度"　兴趣是儿童从事某种活动的原动力，兴趣能对儿童所从事的活动起支持、推动和促进的作用。长期的兴趣把儿童引向高级的优先层。

因此，在儿童公园的设计中应合理利用和参考这些需求，设计出满足不同阶段儿童的活动空间，是儿童公园设计应考虑的主要方向。

2.因地制宜

充分利用园内野生植物、池沼、果林、水体、地势、材料等景观资源进行布局，做到因地制宜，就地取材，尽量尊重原有地形，结合地形地貌进行儿童活动场地的设计，创造优美的自然环境，使植物景观占用地面积的65%以上，绿化覆盖率达到70%以上。

3.寓教于乐

因儿童活动需要多样性、丰富性，儿童公园设计应融参与性、多样性、知识性和趣味性于一体，为儿童创造轻松、自然、功能齐全的活动场所，并赋予一定的文化内涵，比如历史文化、智力游戏、语言学习等，使环境具有"寓教于乐"的潜在作用，让儿童们在游乐中增长知识。

4.交通便捷顺畅

园路主次明确，自成园路系统，尽量采取环状式道路，防止尽端式道路带来的重复和乏味，同时主路要有较好的导向性、便捷的通达性和完善的标志系统，并因地开路、因游玩需要开路，除地势原因外一般不设台阶；次要道路和小路可创造一定的趣味性和参与气氛，丰富园区的环境。

5.安全健康

必须做到安全第一，所有环境设施都要考虑安全性，把对儿童造成伤害的可能性降到最低。同时在露天场地，要有足够的庇荫休息环境和卫生设施。

6.景观优美生动

园内的各种建筑、雕塑、设施、水体、铺地、灯具、建筑小品等应造型优美，形象生动，色彩鲜艳活泼，富有吸引力。

在儿童公园的设计中除了考虑安置一些大型游乐设施外，还应考虑增添适量的景观小品如蘑菇、绿叶、星星等卡通形象；在园门的设计中可以设计成新奇的动物造型、儿童常见的玩具造型等，既具备了明显的识别性又引起儿童浓厚的游园兴趣（见图5-3）；在园内儿童活动项目设计上也可以别出心裁，具体可以考虑与动植物亲密接触，设计花香鸟语林；设计科学探秘馆，让儿童体验高科技带来的便利和传奇；设计足够大的开阔活动场地并铺设草坪，不仅提高了儿童公园的绿化覆盖率，而且使儿童活动空间扩大、视野开阔，从而调节儿童视力，使其得到彻底放松。

图5-3　游乐设施和景观小品

5.2.2　儿童公园选址

1.生态环境良好

儿童公园选址应远离城市水体、气体、噪声和垃圾等，并且不受其影响，使儿童公园具有良好的生态环境。

2.交通条件便利

儿童公园的设置应使儿童和家长能够安全、便捷抵达。

3.分布合理

各类儿童游戏场地和儿童公园，在城市中的分布应均匀合理，有利于不同区域的儿童使用，避免项目重叠设置，造成资源浪费。

5.2.3　儿童公园分区规划

1.不同年龄儿童游戏行为（见表5-1）

表5-1　不同年龄儿童游戏行为

年龄组	游戏种类	结伙情况	游戏范围	自立性（有无同伴）	攀爬能力
<1.5岁	椅子、沙池、草坪、广场	单独，或与陪护成人	陪护者看护范围内	不能自立	较弱
1.5~3.5岁	椅子、沙池、草坪、广场、固定游戏器械	单独，偶尔结伴，与熟人	亲人视线范围内	部分可自立	弱
3.5~5.5岁	秋千，变化多样的器具、沙堆	结伴游戏，同伴增多（邻居）	在住宅周围	可自立	中等
小学一、二年级	女孩玩器具，男孩捉迷藏	多结伴游戏，同伴增多（邻居、同学、朋友）	可在远离住宅的组团绿地等场所	自立性提高	较强
小学三、四年级	女孩玩器具，男孩喜运动	多结伴游戏，同伴增多（邻居、同学、朋友）	以同伴为中心，选择游戏场地和种类	可完全自立	强

2.功能分区

（1）幼年儿童活动区　6岁以下儿童游戏活动场所，规模要求10m²/人以上，整体面积应在1000m²以上。活动区需大人看护或者临旁设大人休息区。在幼儿活动设施的附近还应配备厕所，并设置休息亭廊、坐凳，供陪护人使用。游戏设施有广场、草坪、沙池、小屋、小游具、小山、水池、花架、植物、荫棚、桌椅、游乐设施、游戏室等（见图5-4）。幼年儿童活动区周围一般用绿篱、彩色矮墙围护（采用非坚硬的形式），尽量少设出入口，并在可视的范围内。

（2）学龄儿童活动区　6~8岁小学生活动场所，其规模以每人30m²为宜，整体面积应在3000m²以上。游戏设施有秋千、浪木、螺旋滑梯、攀登架、飞船、水枪、电动器具等（见图5-5）。还有供集体活动的场地、迷宫、障碍与冒险活动区等（见图5-6）。科普文化设施有图书阅览室、科普展览室、少年之家、儿童书画室以及动植物园地等。学龄

儿童活动区分为学龄前儿童区和学龄儿童区。学龄前儿童区面积小，活动范围小，应布置安全的、平稳的项目；学龄儿童区面积大，活动范围大，可安排大中小型开发智力的游乐设施。

（3）少年儿童活动区　小学四、五年级至初中低年级学生活动场所，每人50m²以上，整体面积在8000m²以上为好。其设施布置的思想性和活动难度要大一些。游戏设施通常有一定主题，趣味性强、参与性强，如大连儿童公园的"勇敢者之路"、杭州儿童公园的"万水千山"等（见图5-7）。

图5-4　沙池　　　　　　　　　　　　图5-5　电动器具

图5-6　迷宫　　　　　　　　　　　　图5-7　"万水千山"

本区的规划要求：

1）应靠近公园主入口，要避免影响大门区景观。

2）游乐设施要符合儿童尺度，造型生动、避免坚硬、圆滑安全。

3）所用植物应无毒、无刺、无异味、无飞毛飞絮，不会引起皮肤过敏反应。

4）外围可布置树林与草坪。

5）活动区旁应安排成人休息、服务设施。

（4）体育活动区　体育活动能够促使少年儿童健康成长和发育。公园是开展少年儿童体育活动最好的环境。体育设施有运动场、各类球场（棒球场、网球场、篮球场、足球场、乒乓球羽毛球场等）、射击场、健身房、游泳池、赛车场等（见图5-8）。

图5-8　篮球场、网球场

（5）科普文化娱乐区　公园应设置各种科普文化娱乐设施，可使儿童在轻松、愉快的环境中接受科学文化教育，伴随知识而成长。常见设施有游艺厅、电影放映厅、演讲厅、科学馆、艺术馆、展览馆、科普宣传廊、图书馆、表演舞台、聚集广场等。

（6）自然景观区　让儿童投身自然、接触自然、探索自然界的奥秘、了解自然，在宁静的自然环境中学习和思考。在自然景观区可以布置山坡、丛林、花卉、草地、池沼、溪流、石矶等各种自然景观（见图5-9）。

图5-9　自然景观

（7）管理服务区　以园务管理和为儿童及陪伴的成人提供服务的功能区。一般设置有办公、接待、卫生、餐饮、住宿、保安、急救、交通、后勤、设施维修、植物景观养护等。

5.3 案例分析：厦门忠仑公园儿童园[⊖]

1.设计背景

儿童是家庭、民族和国家的未来，是祖国的花朵，儿童的发展状况和成长环境为社会所关注。随着厦门城市规模的扩大和人口的增长，越来越多的儿童对室外活动的需求也相应增加。厦门忠仑公园儿童园是厦门市委、市政府2013年为民办实事项目之一，作为全市最大的儿童公园，此项目的建设较大幅度地增加了儿童户外公共活动场所，为儿童提供了健康和具有促进作用的环境，同时也为周边居民提供了休闲活动的空间。

2.地理位置

儿童园位于厦门忠仑公园内，总用地面积约为35000m²，是忠仑公园的一部分。公园位于厦门岛地理中心位置，毗邻湖边水库，周边环绕着吕岭路、金尚路、云顶北路等城市主干道，与瑞景商圈紧密相连，城市配套成熟。

3.项目概况

场地整体地势较为平坦，地质环境条件简单。西侧是忠仑公园核心景区；东侧植被茂密，有果林、柠檬桉林等；南侧是东芳山，具有较好的登高观赏休闲功能；北侧则为密林和苗圃用地。

4.规划理念及定位

（1）规划理念

1）以公益性、开放性为主，服务于周边市民，同时有利于提高城市的整体形象。

2）有利于儿童和家长的交流、互动和学习。

3）有利于儿童对植物的认知能力，满足儿童强烈的好奇心和冒险探索精神。

4）有利于提高儿童的意志力、生存能力、忍耐力和创新能力，培养探索精神、敢于克服困难的勇气、团队合作与奉献精神。

5）注重色彩对儿童的吸引力，运用热烈的、跳跃的色彩风格。

（2）设计定位

根据忠仑公园总体规划，将儿童公园定位为儿童生态公园，以生态、低碳、环保为主题，以观赏、认知植物、饲养小动物、制作陶艺等作为特色游乐项目，配以儿童动手体验的实践区、综合运动区，共同形成一处儿童户外学习运动的乐园。其中不设任何机械式的游乐设施，注重寓教于乐，通过游戏玩耍、感知体验、动手操作，潜移默化地培养孩子尊重自然、保护环境的意识，提高孩子的动手能力。儿童公园面向的对象为0~14岁的儿童，建成后将成为厦门最有特色的儿童乐园。

5. 功能分区

根据地形因地制宜规划景观空间，东西向轴线贯穿整个园区，圆形、半圆形场地与弧形铺装构成不同的区域，从西到东按照儿童不同成长阶段进行分区，犹如一串儿童的足迹，记录孩童从幼儿到少年的成长历程。园区周边是大面积的草地和树林，通过密集的绿

化将园区与忠仑公园其他区域隔离开来，让儿童在一个相对安静、安全的环境中体验大自然的乐趣（见图5-10和图5-11）。

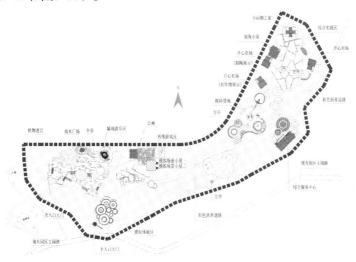

图5-10　总平面图

图5-11　鸟瞰图

根据功能使用划分为3个功能区：感知体验区、嬉戏游乐区、综合实践区。

（1）感知体验区　该区主要功能是组织孩子学习、参与中国传统的体育游戏，如滚铁环、跳皮筋、跳格子、丢沙包、打弹子、踢毽子等。通过这些游戏可以培养孩子们的团队合作精神，并且将优良的传统游戏加以传承。

该区通过多彩广场与围合的景墙形成一个独立的活动空间。广场铺设了五彩的透水艺术地坪，同心圆彼此重叠交错，就像是雨滴掉落在水

图5-12　感知体验区

面留下的瞬间图案，表现出大自然景观的神奇变化，体现欢快动感的儿童主题。景墙朝广场一侧涂成了红色，设计成孩童成长印记手印墙，记录孩子成长的历程（见图5-12）。

（2）嬉戏游乐区　嬉戏游乐区为主要游乐设施的集中场地，重点针对3~7岁儿童设立，能够有效协助儿童各方面的身心发展。该区包括戏水广场、植物迷宫、探险木栈道、小精灵隧道、沙坑和攀爬索道等游乐项目，能让孩子尽情玩耍。

1）戏水广场。玩水是孩童的天性。戏水广场四周矗立着3个色彩鲜艳、造型逼真的童话雕塑。小型喷泉从雕塑口中喷出，水

图5-13　戏水广场

流细小，孩童可以直接伸手感受水的流动。天气热的时候，孩子还可以在布满喷泉的彩色广场中间尽情戏水、玩乐，充分享受亲水的乐趣（见图5-13）。

2）探险营地。主要为8~14岁阶段的儿童服务，通过难度较大的冒险型活动设施，如爬网、圆形滚木、溜索等，让儿童学会挑战自我，培养其探索精神、克服困难的勇气（见图5-14和图5-15）。

图5-14　爬网

图5-15　圆形滚木

3）植物迷宫。利用耐修剪的黄心梅做成的迷宫高约为1.2m，亮丽的色彩和"九曲十八弯"的神秘感吸引众多的孩童在其中寻找乐趣，可以提高孩童的判断能力和毅力（见图5-16）。

4）伞亭。天然的材料，简约的造型，有趣的伞状休息亭是园区的一个亮点，不仅提供给儿童游乐之余休息的场所，还为陪同的家长提供了落脚的空间（见图5-17）。

图5-16　植物迷宫

图5-17　伞亭

（3）综合实践区

1）开心农场。综合实践区独具创意，结合网络流行的开心农场游戏，设计真实版的开心农场，为儿童提供了参与生态实践的机会。五谷不分是许多城市孩子的通病。但这并不是孩子们的错，他们没有机会接触、了解农作物和各种植物。在综合实践区里，将开辟一块真实版的开心农场，让孩子参与生态实践。孩子不仅可以认识各种植物，了解它们的习性，还能自己动手种植各种蔬菜、水果，采摘各种瓜果，通过接触农作物和各种植物，做一名"小农夫"。

2）小动物之家。小动物之家类似于小型的动物园，孩子们可以和鸽子、小兔子、小狗、骆驼、马、猴子等动物近距离接触，给它们喂食，和它们一起玩耍，让小朋友们认识各种各样的动物，激发他们探索动物世界的好奇心。

3）制陶小屋。制陶小屋也是综合实践区内的一个特色项目。孩子们在这里可以自己设计、自己动手，学习制陶的工艺，将陶泥做成各种各样的器具物品，比如杯子、茶壶、塑像、花瓶、盘子、人物形象等，充分发挥自己的创造能力。

6. 交通设计

（1）主入口设计 主入口位于园区南侧，设置内外集散广场，连接着忠仑公园的主干道。入口及主要园路注重无障碍设计，满足残疾人士的使用需求。

主入口的大门根据儿童的心理、尺寸及颜色爱好进行设计。由多棵木桩和冰裂纹柱体构成方形门，旁边是一个大型的木质风车，色彩运用与园区风格协调一致，整体造型充满了童话趣味（见图5-18）。

图5-18 主入口大门

（2）游园道路设计 园区道路基本依照地势，规划只有一条主通道，横穿整个园区。道路采用彩色沥青铺砌，并在其上绘制各式各样的图案。各个功能分区通过圆形和半圆形的小广场与主通道串联起来形成交通网。

7. 植物景观设计

儿童园东侧是茂密的果林和柠檬桉林，规划保留了原有密林，并通过地形机理改造，营造自然生态的风景活动区。达到春天鲜花灿烂，夏天绿草青青，秋天温馨浪漫，冬季绿意盎然的意境。

主入口广场种植了大量的时令花卉，每个季度花卉都将进行轮换，让孩子们近距离的观赏到大自然千姿百态的花形、花色。

感知体验区和嬉戏游乐区以柠檬桉林、龙眼林、重阳木为背景乔木，以台湾栾树、美丽异木棉等观叶、观花乔木为色彩点缀树种，和公园其他区域形成隔离，为儿童园内部创造安静的气氛。层次丰富、品种众多的花灌木、地被和色彩鲜艳的花卉贯穿整个园区，形成富有变化、季相明显的植物景观，达到步移景异的效果。此外也引种了能引起孩子兴趣

的植物，比如含羞草、猪笼草、红掌等，让他们近距离观察植物，增长知识。

综合实践区周边场地结合原有的柠檬桉林，林下种植了大片的自然草坪，高大荫浓的乔木给大人和小孩提供庇荫的最佳场所，而草地让孩子自由地挥洒青春的活力。

第6章

ZHUTIGONGYUAN

主题公园

6.1 主题公园的相关概念

按照我国《城市绿地分类标准》（CJJ／T 85—2002），主题公园属于G13专类公园中的一种。《园林基本术语标准》中，采用的称谓是"纪念公园"，其定义源于中国"主题公园之父"马志民先生提出的"主题公园是作为某些地域旅游资源相对缺乏，同时也是为了适应游客多种需要与选择的一种补充。"董观志先生认为"旅游主题公园是为了满足旅游者多样化休闲娱乐需求和选择而建造的一种具有创意性游园线索和策划性活动方式的现代旅游目的地形态。"

6.2 主题公园的分类

6.2.1 按照规模分类

此分类以投资规模和占地面积为主要依据。

1.大型主题公园

国外将投资在8000万~1亿美元、占地200acre（100acre≈0.4046856km^2，acre为英亩的符号）的主题公园定为大型主题公园；我国将投资在1亿元人民币、占地0.2km^{2}左右的主题公园称为大型主题公园。

2.中型主题公园

国外将投资在3000万~8000万美元、占地100~200acre的主题公园称为中型主题公园；我国将投资在2500万~1亿元人民币、占地面积相对较小的主题公园称为中型主题公园。

3.小（微）型主题公园

国外将投资在1000万~3000万美元、占地100acre的主题公园称为小（微）型主题公园；我国将投资在1000万元以下的主题公园称为小型主题公园，投资在300万元以下的主题公园称为微型主题公园。

6.2.2 按照主题内容分类

1.历史类

采用原型环境片段截取的手法，通过历史的发展追溯人类的发展。常以历史事件、具有历史时代特色的建筑、历史人物等为主题，以现代人的理解再现已经消失的城市、建筑以及人文景观风貌。例如杭州的宋城、南海的太平天国城等。

2.异国类

以不同地域和不同民族的风俗、文化景观、自然景观等为主题，展示异国他乡的风土人情。如北京世界公园、深圳的世界之窗等。

3.文学类

以文学作品中的场景、人物、事件等作为主题，进行园内布置。例如无锡的三国城、水浒城，烟台的西游记宫，开封的清明上河园等。

4.影视类

此类主题公园又可细分为两类。一类是为电影或电视剧的拍摄所建的场景与环境，拍摄与游览可同时进行，如厦门同安影视城；另一类是与电影联动发展的主题公园，根据电影场景建设。如长春的长影世纪城、北京的北普陀影视城、杭州的横店影视城等。

5.科学技术类

以现代科技的发展及未来的展望为主题。利用声、光、电、气等现代科学技术，表现未来、科幻、太空、海洋等主题，突出高科技、高技术。如深圳的未来时代、杭州的未来世界、广州的天河航天奇观等。

6.自然生态类

以自然界的生态环境、野生动物、野生植物、海洋生物等作为主题。例如海南的蝴蝶谷、香港的海洋公园等。

7.专类花园

以既定的主题为内容的花园或称专题花园。一般某种花卉因品种丰富，使其集中在一处，供人观赏，如三亚亚龙湾国际玫瑰谷、洛阳牡丹园等。

6.2.3 按照不同表现形式分类

1.古迹延伸型

将现存建筑与环境保存较好的历史风貌地区或者将同一历史时期的建筑迁建在一定地区的主题公园，具有野外博物馆的性质。例如开封的铁塔公园、厦门的胡里山炮台等。

2.微缩景观型

微缩景观是主题公园最早、最常见的造园手法。这类主题公园是将异国、异地的著名建筑、景观按照一定的比例缩小建造。例如深圳的世界之窗、锦绣中华，荷兰的小人国马德罗丹等。

3.宫、馆展览型

这类主题公园主要以宫、馆内的展览为主，类似于博物馆，但其展出内容仅仅局限于和其主题有关的事物。例如德国汉诺威世界博览会园。

6.2.4 按照主要活动类型分类

1.静景观赏型

在特定主题的指导下，通过景观的布置与陈列展示，供游客观赏。一般为微缩景观、再现历史景观、景观荟萃等。例如老北京微缩城、浙江东阳明末清初历史街等。

2.动景观赏型

在静态展示的基础上利用各种要素，根据主题营造出动态景观，如新加坡环球影城。

3.艺术表演型

通过歌舞、仪式等表演，突出主题。例如河北的中国吴桥杂技大世界、香港迪士尼园内的巡游表演等。

4.活动参与型

在园内依主题加入娱乐设施或举办各种各样的文化活动，让游客切身实地地参与其中。如中国民俗文化村内举办的晚会、泼水节、火把节等。

5.复合型

集合多种活动类型的主题公园，一般为大型的综合主题公园，如厦门方特梦幻王国。

6.2.5　按照主题的组成形式分类

1.包含式

全园有一个明确的主题内容，各区的内容组成服从于这一总的主题思想，是对总主题的具体展开化。如上海影视乐园以影视文化为主题，分成五个区，分别为影视大观、卡通天地、老上海基地、拍摄场景、大好河山景区。

2.组合式

全园有一个共同的内在主题思想，各区的主题内容在类型上、内容上都没有直接的关系。整个主题公园呈现出一种组合拼贴风格，依靠各分区表达的内容创造出的气氛、环境，共同烘托出主题公园的整体风格。迪士尼主题公园就是最典型的组合式主题公园。

6.3　主题公园的特征

6.3.1　主题性

主题性是主题公园区别于其他公园的主要特征。一般公园的设计往往重在功能性的体现，强调为游客提供游览、娱乐、休憩等方面。主题公园中所有的内容均在概念化的规格中统摄于该主题之下，从公园命名、公园建筑、景观设计、活动内容安排，以及相应服务设施的风格，都是围绕这一主题展开的，主题包括故事情节、背景设定、视觉形态等内容，赋予公园特性和排他性，有别于其他公园。

6.3.2　文化性

主题公园的文化性衍生于其主题性。主题公园的主题类型虽然多种多样，但无论哪一种类型都有与之相对应的文化内涵，因此主题公园具有浓郁而丰富的文化、科技特色，这是主题公园区别于一般公园的最大特征。一般公园只需提供观光和休闲，而主题公园却必须反映某一主题的文化内涵或科技新貌。从某种意义上讲，"主题"就是文化形态的代名词，主题公园具有通过"主题"解释文化和传递文化的功能，它着重满足的是旅游者精神生活上的需求，提供的是一种对文化的体验过程。马志民先生曾在世界之窗开业5周年的大会上说到"世界之窗是个旅游项目，但它又不仅仅是个旅游项目，它还是个文化项目，世界之窗最大的意义不在于它赚了多少钱，而在于它向人们介绍了世界"，明确阐明了主题公园的文化性。

6.3.3　商业性

主题公园是一种人造旅游资源，自生产之日起就带有明显的功利色彩，盈利是其存在的目的和意义。它与"为满足广大市民休闲游憩和公共交往"而建的城市公园不同，它不是社会福利，也不是市政设施的一部分，而是一种商品。作为产品的主题公园，它的创意、策划、投资、开发、经营、管理等行为和过程必须由具体的企业来进行和完成，这一切都是企业的商业行为。

6.3.4　游乐性

主题公园因其表现形式和活动形式的多样化而富有游乐性。主题公园是旅游者的审美需求和休闲娱乐方式日益多样化的条件下产生的一种具有特殊旅游活动规律的现代旅游景区，显然，满足旅游者多样化休闲娱乐的需求和选择应该是主题公园最基本的功能。主题公园为吸引更多的游客，常常同时应用多种活动形式，特别是娱乐参与型和艺术表演型的活动，多数主题公园在园内设有大型的游乐设施，使游人能切身感受、亲自参与，感受其知识性和趣味性。

6.4　主题公园的功能

6.4.1　社会功能

1.具有文化传播的功能

主题公园具有解释文化和传递文化的功能，其遵从人类审美规律，运用文化、美学、高科技等手段构筑一个理想化的世界。游客在公园里游玩观赏的同时可以接受到文化科技的熏陶，学习到更多的知识。它在吸引万千游客的同时，也以其特有的文化形式影响着游客，人们在这里感受"主题"带来的欢乐和美好、了解人类社会的文明成果、进行不同地域文化形态的交流，从而加强了人与人之间、民族与民族之间、地区与地区之间、国家与国家之间的相互了解和交流。

2.提供就业的机会

主题公园为一种独立的休闲娱乐方式和旅游开发选择方向，已经成为现代旅游业具有开拓性的新支柱之一。在解决就业的问题上，旅游业比其他行业更具有优越性，因为旅游业是一种综合性的服务行业，它为满足旅游者在旅游过程中的多方面需求，就必须提供

城市公园 景观规划与设计
Planning and design
of City Park landscape

大量以劳务形式体现的综合性服务。要推动主题公园整体质量的优化，就必须强调与国际标准接轨，因此需要一大批具有较高素质的从业人员，主题公园是一个劳动密集型行业。例如香港迪斯尼乐园的兴建，在政府进行填海和基建工程时，就为劳工市场带来近万个职位。而第一期启用时，又提供18400个职位。其后20年，预期可增加至35800个新职位。而在建造主题公园期间，则另外创造了约6000个职位。上海环球影城主题公园，开园第一年就创造直接就业机会1万个、间接就业机会10万个，为上海市民带来了直接的实惠。

3.为人们提供休闲娱乐的场所

主题公园是围绕一个或多个主题营造出来的拟态环境，这种环境是非日常化的舞台世界。在主题公园虚拟的场景或气氛中，人们暂时忘却现实的身份，投入新的角色，从紧张繁忙的现实生活中脱离出来。主题公园为每个游客提供自由发挥的机会，让他们利用现有的设施、场景，实现在现实生活中永远无法实现的愿望。

6.4.2　经济功能

主题公园是盈利性的商业公园，经济效益是其追求的首要目标。成功的主题公园在大区域范围内对刺激消费、创造就业、带动周边产品的发展等方面有着巨大的贡献。主题公园的开发也会使邻近地区受益，不仅交通运输和酒店餐饮等相关产业发展显著，主题公园附近的土地也会迅速升值。

6.4.3　生态功能

主题公园属于绿色事业，是结合园林环境及游乐设施于一体的游览空间，公园绿化面积必须大于或等于总面积的65%。主题公园是浓缩化的园林生态环境，拥有大面积绿地和造就高素质生态环境的能力。为了吸引广大游客，主题公园十分注重绿化工作，为营造出更美好的生态环境投入大量的资金，有些主题公园甚至以生态作为主题。

6.5　主题公园的起源和演变

6.5.1　起源

1.娱乐园

世界公认最早的主题公园前身是娱乐园这一形式，主要流行于古希腊、古罗马及中国宋朝。它是通过音乐、舞蹈、魔术表演、博彩游戏、说书、武术杂技、戏剧、猜谜语等来营造热闹气氛、愉悦公众和吸引顾客，从而完成商贸活动，也称市集娱乐。

2.娱乐花园

17世纪初期，欧洲人将音乐、表演和展览活动等与园林结合，将其融入园林环境之中并设置奇特有趣的建筑、构筑物和简单的游乐器具（如秋千等），形成娱乐花园。第一个具有现代娱乐园概念的娱乐公园是美国芝加哥南部的保罗·波顿水滑道公园。

3.机械游乐园

从19世纪50年代开始，随着科技与社会的发展，在美国和欧洲，人们开始在娱乐花园中逐步加入机械游具，其中以过山车、大转轮、旋转木马等骑乘机械为主，结合有趣的环境而设置突出惊险刺激的游乐体验。特别是1937年维也纳世纪博览会中所展示的乘骑及多种新型游乐设施引起人们强烈兴趣，纷纷效仿，娱乐花园开始演变成以机械游具为特色的乐园。

6.5.2　演变

主题公园的产生和发展源远流长，它从游乐园发展成为如今的主题公园经历了漫长的积累、转变、转化和提升。主题公园的活动形式经历的以陈列、欣赏、观光为主到加入人的活动参与为主。

1952年，荷兰马都拉家族的一对夫妇为纪念他们在"二战"牺牲的儿子，在荷兰海牙创建了小人国马德罗丹（Madurodam），微缩了荷兰各地120多座著名建筑和名胜古迹，这可以说是主题公园的萌芽。

随后，沃尔特·迪斯尼于1955年7月在洛杉矶创造了世界上第一个现代意义上的主题公园——迪斯尼乐园。迪斯尼乐园用鲜明的主题来统领空间的布局，用电影情节作为故事讲述的主线，用真实的场景来再现童话中的精彩画面。迪斯尼乐园的诞生，成为主题公园概念生产的标志。迪斯尼乐园的发展和商业扩张，启动和刺激了主题公园的发展（见图6-1）。

图6-1　迪斯尼乐园

国内主题公园起步较晚，在20世纪80年代中期才有了雏形，而真正开先河与世界水平接轨的主题公园是1989年在深圳创建的锦绣中华微缩景观区，是我国主题公园的里程碑，由此带动了国内主题公园建设的第一高潮。国内主题公园的发展大概经历了四个阶段。第一代主题公园始于20世纪80年代末，以微缩景观为主，以深圳的锦绣中华为代表；第二代

主题公园以神话及仿古建筑为主，如西游记宫；第三代主题公园是体现历史文化主题的，如杭州宋城；第四代主题公园产生了泛"主题公园"的概念，即主题公园的特征开始多元化，如深圳欢乐谷，体现了现代科技与现代休闲相结合的全新概念。

6.6 主题公园总体规划设计

6.6.1 主题的选择

一个主题公园的成功与否，其主题的选择是至关重要的。主题对于主题公园的形象宣传、游客吸引等诸多方面有着重要作用，称得上是该公园的"灵魂"。主题在主题公园的作用好比电影剧本在电影制作中的作用，是规划设计时的蓝本与核心。其独特性是主题公园成功的基石，必须高度重视对主题公园主题的选择和精加工。

主题的选择应考虑以下几个方面：

1）公园所在城市的地位和性质。分析世界上及我国成功的主题公园，不难发现，主题公园所在的城市与公园的兴衰有着密切的关系。一个城市的交通、环境等基础设施的修建影响着公园能否有充足的客源，因而影响该公园是否能持续运营、健康发展。一个城市的性质对主题公园的发展也同样有较大影响，如北京作为全国的政治文化中心，人们来到北京后希望也能够了解到世界的风土人文，世界公园的建设则顺应了这一要求（见图6-2）。

2）公园所在城市的历史、人文风情与特有文化。一座城市的历史记载这个城市的发展历程，是独一无二的。其拥有的人文风情与城市文化是经过上百年甚至上千年的发展逐渐沉淀下来的，同样是绝无仅有的。城市历史、人文风情和城市文化共同组成了这座城市具有代表特色的内涵，利用这种特色则可以创造出具有新意的主题。如香港所修建的海洋公园是依托其独特而现代的海洋风情与文化建设的（见图6-3）。

图6-2 北京世界公园　　　　　　　图6-3 香港海洋公园

3）从人们的心理游赏要求出发，结合具体条件选择主题。主题公园作为以营利为目的而建设的公园，其主题的选择将导致该公园是否能吸引更多旅游者、是否能满足旅游者精神文化的需求，并决定了该公园是否能持续健康地经营下去。单纯的陈列观光已经不能满足旅游者的需求，公园的主题应更具有参与性，才能吸引更多的游客。如新加坡环球影城拥有了古埃及、失落的世界和好莱坞大道等七个主题区，将电影世界的神奇转化为游客的探险旅程（见图6-4）。

图6-4　新加坡环球影城

6.6.2　园址的选择

主题公园选址所依据的城市因素较多，如经济市场、社会文化、政策条件、自然环境和城市基本建设等，必须综合所有因素进行系统分析，以便科学合理的选址。

1.市场经济因素

区域经济发展水平决定了主题公园选址所在城市和区域的市场消费能力。游客是主题公园的服务对象，足够的客源是其存在的基础，交通的可达性是其发展的保障。土地价格也是影响主题公园选址的一个重要因素：一方面受交通条件和客源市场的制约，不可能远离城市选址；另一方面由于城市土地价格因素限制，一般也不可能在市区高地价区位选址，所以主题公园一般选址在城市边缘地带。如果选址周边具有良好的自然环境和丰富的旅游资源条件，就更有利于主题公园的长远和良性发展。

2.人口因素

主题公园客源市场与周边地区常住人口和流动人口数量紧密相关。一般来说，主题公园周围1小时车程内的地区是其主打市场区位，因此，这些地区人口数至少要达到200万人。2~3小时车程内的地区为次要市场区位，人口也要超过200万人。除此之外，潜在客源市场的经济发展水平、居民可支配收入、消费习惯等也是园址选择决策时必须要考虑的因素。

3.自然环境因素

主题公园是创造某种与大自然相协调并具有典型景观效益的空间。园址选于风景秀美的自然环境中便可获得事半功倍的效果。同时也应考虑地理、地质因素的影响，如场地的坡度、地表形态、冲刷区、表面积水区、土壤的理化性质等，都对建园产生影响。

4.同类主题公园的区域分布状态

同一区域内相同主题的主题公园成密集型分布，会造成客源不足。主题公园的选址布局应避免近距离重复建设。如我国从海南三亚到五指山市80km左右路程中，就分布有十多家民俗文化村，不合理的分布使企业陷入恶性竞争不能自拔。

6.6.3 主题公园的构成要素

1.水景

水是最能激发人们产生强烈感受的造景元素，水能分隔与联系空间、丰富景观内容。主题公园中的湖泊、瀑布与喷泉的设计风格应与主题相统一。

对于主题公园来说，水景的设计主要依据它的主体性和提供娱乐服务的功能而定，传统理水强调水的景观和空间功能以及不同形态水体给人们的感知。主题公园的水景，是因主题而设的，更多的是通过这个要素来强调突出设计主题或游乐的功能，主题公园中的理水，更多的是游览者与水的直接互动，从游乐中感受水景快乐。

图6-5 香港迪士尼里结合卡通雕塑的喷泉

在主题公园中以水作为主题元素的项目有很多，除了大面积的水面外，往往还出现多种以水作为活动元素的景观，出现的形式也多种多样，一般常见的有溪流、瀑布、喷泉、泉涌、跌水等（见图6-5）。

大面积的水域呈现出波光粼粼并倒映出天空及水边景物的优美景象，水上交通更是主题公园内有趣的游览方式。瀑布根据水的流速不同，也可进行多种不同的游乐项目，如静水可垂钓、湍水可漂流等；瀑布根据高度的不同也会有很多不同的娱乐项目，高瀑布中的水帘洞、低瀑布中的水台阶。喷泉的种类较多，有音乐喷泉、程序控制喷泉、旱地喷泉、雾化喷泉等，不同类型的喷泉配合不同的场景，可以营造丰富的场景效果。总而言之，主题公园的水景是为某一主题活动而设置，强调参与性。

要充分利用水体状态多样性，善于把水景与公园的主题有机结合，根据自身的主题塑造和景观的需求，选择多种形式的理水方式，以表达各具特色的景观效果，满足游人游乐的需求。

香港的海洋公园建在海边，以海洋为主题，园区内的水景布置采用现代样式，跟主题相契合（见图6-6）。

2.地形设计

地形是任何造园中不可缺少的要素，在主题公园中，对地形的处理和设计主要根据主题的内容进行确定，同时也要考虑旅游者的活动习惯。平坦开阔的地形有利于建筑及各类游乐设施的布局，变化的地形有利于创造丰富的景观空间。地形作为外部环境的地表因素，它的变化程度决定了道路系统的布局。

图6-6　香港海洋公园供海豚表演的水池

地形还起到了组织和分割园林空间的作用，主题公园中的地形在满足使用功能的基础上，可利用不同类型创造和限制空间，如堆山叠石、开挖池沼等，并根据人的视觉特征创造良好的观赏游玩效果，使主题公园的景观富于变化，增加游览情趣。例如造山应根据主题公园的占地面积和景观或活动内容的需求来综合考虑，根据主题公园的功能来决定堆山的目的，以便更好地确定山体的形状和坡度以及山洞等。山体造成高低起伏的地势，能调节游人的视线与视点，造成仰视、平视、俯视的景观，丰富园林艺术内容。在分割空间的同时也在一定程度上控制了游客的视线，引起游览者对隐蔽物体的好奇心和观赏欲。地形的变化影响着游览路线、游览速度。当游客遇到山体时则绕道而行，遇到水体时则乘船而行，这样变化的地形给人带来不同的游赏乐趣（见图6-7和图6-8）。

图6-7　香港迪士尼的水体和驳岸处理

图6-8　新加坡环球影城的山壁处理

3.路径与广场

路径与广场是整个园区的骨架与网络，其规划设计必须反映主题公园的主题面貌和风格，并使交通性从属于游览性，做到主次分明，疏密得当。主题公园中的道路和城市的道路不同，除了组织交通和运输之外，还有景观上的要求。提供休憩所用的园路，广场地面的铺装、线性、色彩等本身也是园林景观的一部分。主题公园的广场除了具有交通集散的功能外，同时还是举行表演和其他大型露天活动的场所（见图6-9）。

图6-9　新加坡环球影城的园路和小广场

　　广场与道路的设计应与主题公园的总体风格保持一致，或者说设计应体现主题公园的风格。同时，其交通功能应从属于游览要求，设计不能以便捷为准则，而是根据地形要求、景点的分布等因素，因地制宜来布置。广场与道路系统必须主次分明，方向明确，才不致使人感到辨别困难。作为主题公园中的骨架和脉络，道路和广场是联系各景区、景点的纽带，是构成园林景色的重要因素。

　　4.建筑

　　主题公园中的建筑通常是主题的重要表现手段，不同类型的主题公园，其建筑的材料、形式和颜色都有着其独特性。它要求建筑在形态、色彩等方面都能吸引游客前来融入这个环境中；它必须体现景区的主题风格，即有什么样的主题景区就应该有什么样的主题建筑；并且主题公园的建筑要与环境相融合，综合体现环境的主题意境。寓情于景、情景交融是我国传统造园的特色要求，主题公园对建筑的要求同样要体现这种意境。

　　主题公园的建筑，首先要满足功能需要，包括使用、交通、用地及景观要求等，必须因地制宜、综合考虑；其次是要满足造景需要，建筑布局应考虑与环境的协调统一，与自然环境有机结合。不同的选址布局可创造出不同的景观意境，给人以不同的感受。因此，应根据主题公园中景观主题的需求，创造出一种满足游客喜好的景观。此外，主题公园建筑还应具备恰当的尺度与比例，讲究空间渗透与层次，造型新颖，具有强烈的主题气息和鲜明的民族风格及材料的独特色彩与质感等（见图6-10和图6-11）。

图6-10　厦门中华教育园杏坛　　　　　　　　图6-11　香港迪士尼城堡

5.小品

在主题公园中的小品是表现主题的精美艺术品，是体现装饰性和生动性的重要构成要素，它不仅具有一定的实用功能，更重要的是它的组景、观赏作用。小品一般有服务小品、装饰小品、展示小品和照明小品。主题公园的小品作为主题公园中的局部主体景物，和主景既有联系又具有相对独立的意境，在造型和色彩上可以夸张处理，突出其感染力。

图6-12 厦门中华教育园古代科举考试雕塑

园林小品的设计不仅要起到美化环境的作用，同时还必须突出自身的主题及特色，给游人留下永恒的记忆，并且与一定的环境相融合。厦门中华教育园中布置了一组有关古代科举考试的铜雕，场面壮观，十分契合公园的主题要求，巧于立意，富有创新性，增强了公园的吸引力（见图6-12）。

景观小品的设计，必须服务于主题定位，在主题整合下，形成项目的独特吸引力，突显独特性卖点，形成主题品牌。适合的景观小品不但可以配合游乐设施突显主题故事，使整个主题游戏充满乐趣，形成特色品牌，而且还能为之后的主题品牌推广和创新游乐项目打下良好的基础。

景观小品的情景化设计，就像电影布景一样，让游客更容易地进入角色状态，成为游憩过程的体验者，获得更加投入的情感体验效果。将游乐项目背景与配套景观小品结合，让游客觉得在游玩的同时，仿佛置身于特定的故事情景之中，这样更能增加游戏的趣味性，同时有利于品牌推广。因此，在进行游乐设施配套景观小品的设计中，自始至终都要把握好景观小品的情景化设计。

一些大型的景观雕塑会起到地标性的引导作用。如厦门大嶝战地观光园里的"世界最大军事广播喇叭"，游人在入园后，首先就会被这个大型的物体所吸引，然后不约而同的向目标项目汇拢。这样的大型景观雕塑一方面起到汇聚人群的作用；另一方面还为游人在游玩的时候起到一个地标性的引导作用，游人在迷路或是选择游玩路线方面有了明确的参考物体（见图6-13）。

图6-13 厦门大嶝战地观光园"世界最大军事广播喇叭"

6.植物

主题公园植物的配置要符合主题功能要求，要从主题公园的总体布局着手，做到整体和谐统一，通过植物来体现主题气氛。如要表现沙漠地区的整体主题环境，仙人掌、仙人球等多肉多浆的沙生植物则是有表现力的。

植物的搭配要有艺术性。全园基调植物和各分区的主调植物、配调植物应分明，以获得多样统一性的植物景观艺术效果。满足园林艺术造景的需要，充分利用植物的观赏性营造出美丽和谐的主题景观。同时为了在不同的季节能同样吸引游客，主题公园必须要选择不同季

节的观赏植物，构成具有季相变化的时序主题景观。有时为了营造特殊的环境气氛和效果，还要选择在观型、赏色、闻香、听声等方面有特殊效果的植物，以满足不同感官的审美要求。最后要注意选择能最有效提升主题的传统园林植物，形成意境深远的景观效果。

　　植物配置方式应与主题公园绿地总体布局形式相一致，与环境相协调。运用不同的配置方式，形成以乔木为主，结合灌木、藤本、地被、花卉，为设计人工栽培群落提供丰富素材，组成有韵律节奏的空间，使得主题公园的空间在平面上前后错落、疏密有致，在立面上高低参差、断续起伏。

　　与主题相一致的本土植物是突出主题环境的最好手法之一，应尽量选择与主题相一致的植物品种。植物造景设计要与其他景观材料相结合，不仅具有独立的景观表象，还是公园中的山水、建筑、道路及雕塑、喷泉等小品构景的重要组合材料，因此，设计时必须与这些景观材料结合（见图6-14）。

图6-14　结合公园主题的植物配置

6.7　案例分析：中华教育园

　　"教育为立国之本，兴学乃国民天职"，在规划建设厦门园博园之际，为弘扬中华民族尊师重教的美德、展示历史悠久的教育文化，结合集美文教区的功能特点，在杏林湾建起了国内第一个以教育为主题的文化园区——中华教育园（见图6-15）。

　　中华教育园坐落于厦门"园博园"景区E岛之上，东连园博大道，南邻温泉岛，西通生态岛，北望集美大学城，占地面积约20.6hm²。总体分为"经典情景园""圣贤纪念园""教育历史纵览园""名校风华园""教育采撷园、夏令营""教育滨水园地"六个分区（见图6-16）。

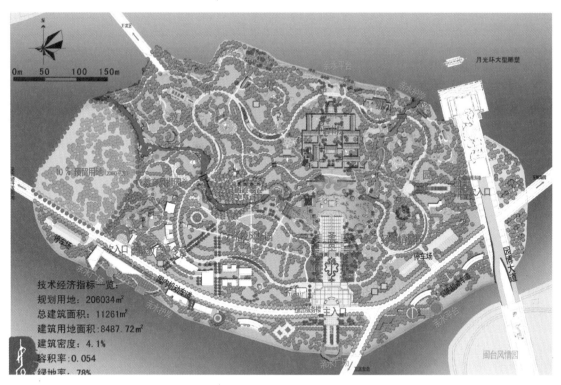

技术经济指标一览:
规划用地: 206034 m²
总建筑面积: 11261 m²
建筑用地面积: 8487.72 m²
建筑密度: 4.1%
容积率: 0.054
绿地率: 78%

图6-15　中华教育园总平面图

教育园用地为206034㎡，园内共分为六个区、三个入口。

A区: 经典情景园

B区: 圣贤纪念园

C区: 教育历史纵览园

　　a: 中国传统教育的产生

　　b: 传统教育制度的建立与完备

　　c: 传统教育制度的演变与僵化

　　d: 传统教育向现代教育过渡

　　e: 民国时期教育

　　f: 新中国教育的发展

D区: 名校风华园

E区: 教育采撷园、夏令营

F区: 教育滨水园地

H区: 10%预留用地

园中分区

区内景点

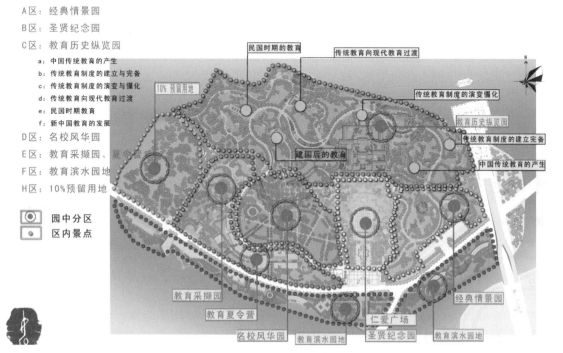

图6-16　中华教育园分区图

1.主入口

中华教育园是目前国内第一个以教育为主题的景观园区，按照"传承华夏民族悠久教育文化、促进炎黄子孙和谐健康成长"的主题，园区主入口的设计强调风格独特，有强烈的历史感，并具有文化感染力，从传统的文化建筑元素中进行挖掘，同古老的中国文化相结合（见图6-17）。

图6-17 中华教育园主入口

2.圣贤纪念园

从主入口引出一条贯穿南北的景观轴线，这就是按中国传统的轴线对称手法营造、集中展现中华教育史精髓的主景区。主景区前有"励志广场""南大门"，中有"圣贤广场"，旁列"经典教育名篇石刻群"，后置"杏林书院"、杏坛、影壁。

"励志广场"位于主入口"南大门"的正前方，以展现历代名人的励志诗为主，拉开"中华教育园"的序幕。南大门以富有沧桑感的"中华教育园""桃李芬芳"花岗岩透雕景墙，给人以厚重、深远的印象（见图6-18）。广场地面铺有"中国古代书院建筑""琴棋书画""渔樵耕读""梅兰竹菊"四组影雕图案。

"圣贤广场"以国内著名雕塑家塑造的6座圣贤铜像和15座历代教育家铜像为主，辅以泮水桥、棂星门、"中华教育历史大事记"水道石刻、儒道名言地刻、山水诗词地刻以及鼎、簋等大型仿古礼器等，充分显示了中华教育史的博大精深、源远流长（见图6-19）。沿园区游步道，一条形似曲水流觞水景与游步道巧妙地结合在一起形成一道独特的风景，古代圣贤的雕像分布两侧，曲水环绕在圣贤雕像的前后，形成一幅端庄又丰富的场景。

图6-18 "中华教育园"花岗岩透雕景墙

图6-19 中华教育园圣贤广场

"经典名篇石刻群"分布于圣贤广场的两侧绿化带中，用天然景石镌刻了历代教育家的十余篇经典名著，如四书、五经、道德经、百家姓、三字经、千字文等。

在圣贤广场西北，为昭彰孔子讲学精神而建的纪念性建筑"杏坛"和书院门前的"孔子圣迹图影壁"，形象地展示出这位中国古代最杰出的教育家、思想家的事迹和风采（见图6-20和图6-21）。

图6-20 中华教育园杏坛　　　　　　图6-21 中华教育园孔子圣迹图影壁

　　"杏林书院"是园区内最引人瞩目的大型仿古建筑群。其参照明清书院的格局，建为三进复合四合院式，总体坐北向南，轴线上依次设门厅、钟鼓亭、讲堂、御书楼、先贤祠，东跨院置书斋、展示厅，西花园置花厅、魁星阁、赫曦台，整体又以回廊贯通。充分体现了古代书院集讲学、藏书、祭祀为一体的功能。书院中的陈列，将向人们形象地展示中国古代的教育文化。书院中琳琅满目的匾额、对联，透露出浓郁的文化气息（见图6-22、图6-23和图6-24）。

图6-22 中华教育园杏林书院布置图

图6-23 中华教育园杏林书院御书楼

图6-24 中华教育园杏林书院赫曦台

3.古文字广场

中华教育园的东入口，以一座由毛笔、竹简和砚台构成的镂空景墙作为标志，景墙后面是古文字广场。广场中部，表现的是中国最古老的文字——甲骨文，前有"甲骨文百家姓"，后为形象的立体象形文字（见图6-25）。排列于左右的六座旗状石刻墙，分别介绍的是汉字六书（象形、会意、形声、指事、转注、假借）。右边的"华夏民族文字"浮雕，集中介绍了56个民族的图腾和部分少数民族文字（如东巴文、契丹文、藏文、彝文、满文、蒙文等）。两侧的地刻是影雕甲骨

图6-25 中华教育园古文字广场

文十二生肖图案。在这里，我们可以感受到中华文化的古老与厚重。

4.经典情景园

在东入口与南入口之间，是以19组根据成语和故事创作的大型雕塑组成的"经典情景园"。有曹冲称象、曾子杀猪、鲁班学艺、临池尽墨、孟母三迁、学富五车、如坐春风、司马光砸缸、孔子闻韶乐、伯乐相马、囊萤照读等雕塑（见图6-26和图6-27）。

图6-26 中华教育园经典情景园雕塑

图6-27 中华教育园经典情景园表演台

5.教育历史纵览园

教育历史纵览园以东入口"古文字广场"为先导，按历史时期分段，由东向西绕书院外围分布。总体以重点人物和史实为主，用实景陈列的方式和特写的手法，形象地展示源远流长的中华教育史。

教育历史纵览园分"中国传统教育的产生"展区、"教育制度的建立和完善" 展区、"传统教育制度的演变与僵化" 展区、"传统教育向现代教育过渡" 展区、"民国时期教育"展区、"新中国教育的发展"展区等。教育历史纵览园设有主入口，每个展区设有次入口，起到指示和引导的作用（见图6-28）。

图6-28　中华教育园教育历史纵览园

在这里，人们可以窥见远古文明和青铜时代教育之一斑；浏览传统教育制度的确立、兴盛与衰落；更可以看到新中国教育事业的发展，从而预见到充满希望的未来。

6.教育采撷园、夏令营

教育采撷园、夏令营设于教育园西入口附近，主要设置有迷宫、象棋广场、四大发明群雕、谜语大观园、天籁之音以及一些儿童游乐设施。

7.名校风华园

该园运用现代的景观艺术表现方式，概括介绍著名的高校的校训、校名题字、校徽，介绍名校名人及重大教育成果等。在该区的中心位置，将国内36所知名高校的代表性建筑及其象征性构筑物有机组合，形成系列特写景观构成的高校荟萃园。边上的绿化区种植有百棵凤凰木，形成百树园和百树广场，寓意"十年树木、百年树人"的教育宗旨。待到凤凰花开时节，百树争艳，蔚为壮观（见图6-29、图6-30、图6-31和图6-32）。

图6-29　中华教育园知名高校名录雕塑　　　　图6-30　中华教育园知名高校名录廊一

图6-31　中华教育园知名高校名录廊二　　　　图6-32　中华教育园高校代表性建筑和构筑物

8.教育滨水园地

教育滨水园地沿园区南部滨水地带而设，有各种书吧、休闲吧、酒吧、茶吧、咖啡吧等休闲文化设施，在开放的空间里让游人体会到舒适的滨水景观及文化氛围（见图6-33）。

（本方案由厦门瀚卓路桥景观艺术有限公司提供）。

图6-33　中华教育园滨水园茶吧

第7章

JINIANXINGGONGYUAN 纪念性公园

7.1 纪念性公园相关概念

7.1.1 纪念公园

1.纪念性

纪念的情感的载体可以是抽象的也可以是具象的，如抽象的小说、诗歌；具象的绘画、雕塑、建筑等。当这些载体承载了纪念的情感，就产生了纪念性，这些作品也就成为纪念性的作品。

2.纪念性公园

参照《城市绿地分类标准》与《园林基本术语标准》的不同说法，根据对上文论述的分析总结，本书对纪念性公园的定义为：对人物、事件具有纪念作用的公园。

"纪念性公园"所纪念的对象主要分为"人物"和"事件"，"人物"可以是单体的人，也可以是许多人的集合体；"事件"可以是某一具体事件，也可以是一段历史，甚至可以是传说、故事。

纪念性公园不仅包括了以纪念为直接建造目的和基本主题的公园，还包括局部带有纪念性成分的公园，如一些综合公园、历史名园、风景名胜公园、遗址公园等。

7.1.2 纪念性景观

当景观承载了人的纪念情感，就成了纪念性景观。纪念性景观是人类纪念性情感在景观上的物化形式。《景观纪念性导论》中对纪念性景观的定义是这样的：纪念性景观是用于标志某一事物或为了使后人记住某一事物，能够引发人类群体联想和回忆的物质性或抽象性景观。

7.2 纪念性公园的分类

7.2.1 按照纪念对象分类

1.以人物为纪念对象

这类纪念性公园又可细分为两类：

第一类是以单个的人物为纪念对象，通常是纪念某一杰出人物。例如南京中山陵园、美国罗斯福总统纪念园等。

第二类是以集体人物为纪念对象，通常是纪念为了战争胜利而牺牲的烈士，这类纪念性公园在全国的分布较广，大多数城市都有。例如厦门烈士陵园、广州烈士陵园等。

2.以历史事件或事物为纪念对象

这类纪念性公园主要纪念历史上的重要事件，其中又以战争或政治事件为主，例如美国二战纪念园、美国越战纪念园等。

7.2.2 按照基地环境的不同分类

1.结合陵墓进行建造

这类纪念性公园主要是陵园。例如厦门集美鳌园是围绕"华侨旗帜、民族光辉"的陈嘉庚陵墓来建设的一座公园，庄严肃穆，每年吸引了很多全国游客和海外的华人来瞻仰参观。

2.结合名人故居进行建造

这类纪念性公园利用现有的名人故居，在此基础上扩建而成。例如四川广安邓小平纪念园就是一座以邓小平故居为中心的纪念性公园。

3.结合历史事件发生故址或历史遗址进行建造

例如三峡截流纪念园，位于三峡大坝正对面，与三峡水利工程的关键施工过程——截流，保持了空间上的一致。

7.2.3 按照形成的过程分类

从纪念性公园的形成过程来看，可分为主动设计和被动演变两种类型。

1.主动设计型纪念性公园

以纪念为直接目的而建造的公园。例如美国二战纪念园、唐山地震遗址纪念公园，在公园建造之初就赋予其纪念的目的。

2.被动演变型纪念性公园

在刚建造之初不具备纪念性，但随着时间的推移，因为某种目的而被赋予纪念的目的。例如上海鲁迅公园，原名为虹口公园，后因鲁迅墓迁入而成为一个纪念性公园，并更名为鲁迅公园。

7.3 纪念性公园的特征

7.3.1 纪念性

纪念性公园的本质特征是它的纪念性，为了实现其本质，必须创造出有纪念性的意境，设计出符合纪念性活动的方式、过程和心理规律的公园环境，使游客与公园环境能够对话与沟通。因此，最大限度地满足游客的纪念行为方式、过程和心理要求是纪念性公园的最大特点，也是纪念性公园和其他公园的最大不同之处。

7.3.2　公共性

公共性是现代纪念性公园与古代纪念性庭院和园林的最大不同。古代纪念性庭院和园林通常为皇室或贵族所专享，是进行宗教纪念和家族纪念的专门活动场所。而现代纪念性公园是为公众而建造，是服务于公众的，它为公众提供了进行纪念活动的空间以及休闲娱乐的场所。

7.3.3　游憩性

游憩性是纪念性公园与其他公园类型共有的基本特点。纪念性公园的独特之处就在于将游憩活动与纪念活动相结合，赋予一般游憩活动所不具备的精神和情感体验特点。

7.4　纪念性公园的功能

7.4.1　社会功能

1.传承地方历史文脉

纪念性公园内的遗址、遗迹、陵墓等构筑，以及这些构筑所蕴涵的历史信息，都是一个地方的不可多得的文化瑰宝。这二者结合在一起使纪念性公园成为一个地方历史文脉的重要组成部分，成为一个城市沧桑变迁的见证。纪念性公园以园林的方式将这些具有较高历史和文化价值的遗存经过修整和美化永久性地保存下来，并且将他们展示给游赏者，使地方历史文脉得以传承。例如厦门海堤纪念公园以"移山填海"为表现主题，利用和改造海堤原有"旧物"，塑造重现海堤建设场景，不仅展示了老海堤的风貌，而且将"移山填海、拼搏奉献、科学创新、自强不息"的"海堤精神"渗透在这片土地上，让人们记住并弘扬"海堤精神"。

2.进行社会教育

将具有纪念价值的历史事件、名人生平展示给当地的居民，进行精神教育是一个地方政府应当履行的职责。而纪念性公园的建设正是进行这种社会教育的重要途径之一。纪念性公园中蕴含了大量富有教育意义的历史信息，并且通过纪念馆、纪念碑、纪念雕塑等各种载体传递给观赏者，以实现其教育功能。人们在公园里游玩的同时可以受到历史、文化的熏陶。

3.强调城市个性

在一个城市曾经发生过的历史，曾经生活过的名人，曾经屹立过而为世人赞叹的建筑，都是这个城市所特有的珍贵文化遗产，也是这个城市的个性所在。积极地经营这些历史馈赠是一个城市树立自己品牌和形象个性的有效手段。纪念性公园恰恰就是这种城市个性的重要物质载体，它将城市的纪念性精神特质传递给大众的同时，还为城市提供了视觉上的特色。纪念性公园不但和其他公园一样，为城市提供了绿化、水体、山石、小品等美丽景色，公园内的陵墓、故居、旧址、雕塑等，更成为一个城市不可多得的文化签名。

4.为市民提供精神释放的场所

纪念性公园为市民提供了一个阅读历史、追忆先人、感受文化的空间。纪念性公园特有的纪念环境有别于一般公园环境，其富有历史感的空间环境极具精神感染力。当人们置身于这样的环境，现实生活的纷乱与嘈杂顷刻远远散去，占据人们心灵的是一页页沧桑的历史画卷、一个个鲜活的人物形象、一段段感人的传奇故事。人们在这里得到独特的情感体验，其压抑的情绪和紧绷的神经也随之得到放松。

7.4.2 经济功能

同其他公园类型一样，纪念性公园对于所在地块具有吸引人气、提升价值的经济意义；相比较而言，纪念性公园对于促进城市旅游经济的发展有着更为突出的作用，其所蕴含的名人轶事，丰富了城市文化历史内涵，可以成为一个城市旅游业的亮点。

7.4.3 生态功能

作为城市绿地的一类，纪念性公园内的大面积绿化，无论在防止水土流失、净化空气，还是降低辐射、调节小气候、缓解城市热岛效应等方面，都具有良好的生态功能。

7.5 我国纪念性公园的起源和演变

7.5.1 起源

在真正意义上的纪念性公园出现之前，很多具有纪念性的建筑和景观形式就已存在，纪念性公园起初是由纪念性建筑和纪念性景观发展而来，其起源主要有以下三种：

1.坛庙、祠堂

坛庙供奉的是神或神化了的人，祠是为了祭祀和缅怀那些受到国家和社会褒扬的个人，如同庙的祭祀礼仪，祠祭是祭祀者与被祭祀者的一种交流。

庙坛借助宏伟的建筑和隆重的立意展示某种崇拜。其中最具代表性的就是天坛、地坛和孔庙等。如位于北京东城区安定门内国子监街的孔庙，为元、明、清三代京城祭祀孔子之所。孔庙占地20000m^2，有三进院落，中轴线上的建筑依次为先师门、大成门、大成殿、崇圣门和崇圣祠。正门先师门虽历经重修，斗拱大而稀疏，但仍保存元代古朴简洁的风格。院内有碑亭三座和一百九十八座进士题名碑。第二道门为大成门，它与大成殿之间的地方是孔庙的中心院落，院内古柏苍郁，清新幽静，在孔庙大殿前西侧，有一株枝叶繁茂的古柏，已有五百年的历史，相传柏树有知，惩罚奸佞，被后人称为锄奸柏。甬道两侧有11座明清两代记功碑亭。大成殿为孔庙正殿，坐落在汉白玉雕云头石栏杆月台上，殿后有一独立院落即为崇圣祠（见图7-1）。

祠不拘于规模，强调的是纪念性意义，即为了使时间上已经成为过去的人转变为空间性的永久存在；强调祭祀者的参与，即通过庄重的仪式和特殊的祭物来表达对被祭祀者的虔敬，同时也显示祭祀者与被祭祀者的特殊关联。常见的祠有忠烈祠、功德祠、家族宗祠等。

这些坛庙和祭祀空间是古代纪念性活动的主要举行场所，大多具有较强的公共参与性，因此，也可视为纪念性公园的起源之一。

图7-1　北京孔庙大成殿

2. 陵园

远古时候，陵墓是人们借助来表达对死者怀念之情的构筑物，可以认为是人类最原始的纪念性行为。陵园是随着社会生产力发展而出现的陵墓类型，是一类以陵墓为主的园林。中国古代帝王的陵园，是集建筑、雕塑、绘画、自然环境于一体的综合性纪念艺术群体。其中帝王陵寝建筑总体布局的艺术气势尤为壮观，明十三陵、清东陵、清西陵等即为其中著名范例。如明十三陵长陵棱恩殿，是长陵的主殿，

图7-2　明十三陵长陵棱恩殿

大殿面阔九间，仅比北京故宫太和殿少两间，但宽度达66.75m，比太和殿还宽，进深五间，达29.31m，是中国古代建筑中规模最大的殿堂之一，是举行祭典的场所（见图7-2）。

这些各代帝王陵墓和陵园的修建目的都具有强烈的纪念性，并且其附属陵园已经具有"纪念性庭院"或"纪念性园林"的性质，可以视为纪念性公园的起源之二。

3.纪念物（纪念碑、纪念石刻、亭、柱、雕塑、牌坊、表）

纪念碑、纪念石刻、雕塑、柱，可用于纪念人物、事件、历史遗迹或是用于纪念和渲染自然景观。牌坊和表是中国古代的一种标志性、纪念性建筑小品。牌坊置于街市和作为大型建筑群入口，表（华表和墓表）成对置于宫廷建筑入口前和陵墓神道两侧。中国的亭，多与自然景观相映成趣，以此来渲染好的纪念性自然景观。

这些纪念物都包含了很强的标志与纪念意义，可认为是纪念性建筑的重要起源，演化出现代的众多纪念构筑物，也可视为纪念性公园的起源之三。

7.5.2　演变

近代纪念性公园仍然以陵园为主要形式，但本质上已经脱去帝王陵墓尊贵和奢华的外衣，升华为对民族气节、爱国精神和民族伟人的祭奠，成为近代社会中一处影响深远的爱国主义教育阵地。

中国的近代是个内忧外患、战争不断的苦难年代，饥饿、疾病、战争夺去了无数人的生命，尤其是在清末民初和抗日战争时期，仅南京大屠杀死亡人数就达30万。无数革命先烈在革命斗争中前仆后继，壮烈牺牲。为了纪念可歌可泣的伟人和烈士，各地出现了一大批意义深远的纪念性公园，这些民族深重灾难的记忆成为了近代纪念性公园的主题和灵魂。

1. 中山陵

中山陵是中国近代伟大的政治家孙中山先生的陵墓，主体建筑顺山势而筑，牌坊、墓道、陵门、碑亭、祭堂和墓室沿中轴线由南向北逐级抬升。中山陵的平面布局是一座平卧的"自由钟"，中山先生的铜像是钟的尖顶，半月形广场是钟顶圆弧，而陵墓顶端的穹顶，就像一颗溜圆的钟摆锤。整体造型象征着中山先生带领中国人民推翻清朝封建统治和帝国主义压迫，开创了民主主义社会，向全世界表明了中国对民主和自由精神的追求。

图7-3 黄兴墓

中山陵的建筑风格中西合璧，宽阔的绿地和宽广的台阶将钟山和各个碑坊、碑亭、祭堂和墓室连成一个大的整体，格外庄严雄伟，既体现宏伟的气势，更蕴含深刻的含意。台阶越往后越高，暗含着革命到后面越来越艰难的意向。

此外，其他与中山陵有关的建筑工程，如廖仲恺墓、谭延闿墓、范鸿仙墓，蒋介石曾拟作百年后安息之地的正气亭等，如众星拱月分布在中山陵周围，留下了以孙中山为首的民主主义革命的历史记忆。

2.黄兴墓

民国元勋黄兴墓为竖立在双层基座上的方尖碑，这一碑形常被瞻仰者比喻成一把直插青天的利剑，令人联想到黄兴生前所写的对联"长剑倚天外，匹马定中原"中包含的英雄气概。这样的纪念性建筑和场所，强调公众的视觉感受和参与性，达到了很好的纪念效果（见图7-3）。

3.黄花岗七十二烈士墓园

为了纪念1911年4月27日在广州起义中牺牲的烈士，由杨锡宗主持设计了以黄花岗七十二烈士墓为纪念主体的纪念性园林。园中采用了美国三个著名纪念物的装饰母体来表达共和理想：刻有孙中山"浩气长存"的纪功坊上矗立的自由女神像；合葬墓上石亭顶部的钟形令人想到象征美国独立的"自由钟"；亭内竖刻"七十二烈士之墓"字样的方尖碑形墓碑又可以诠释为美国首都华盛顿纪念碑。

与传统纪念墓园相比，黄花岗七十二烈士墓仅保留一个可以放置供品的小型石祭案，取消了祭堂，从而凸显出烈士墓本身、墓碑与纪功坊的主体性。这一变化说明了传统祭祀逝者的功能正逐渐转换为真正的纪念意义（见图7-4）。

4.五州烈士墓

建筑师刘士琦设计的上海五州烈士墓在五州惨案发生三周年时竣工。墓体采用半圆体的球体，顶部装饰了一具雄鸡雕刻，象征着对沉睡着的国人们的唤醒。墓前一座哥特风格的碑亭，其檐部的四个角以石狮为装饰，蕴含着"警醒"的深意。亭内镶嵌着一块石碑，上面刻四个大字"来者勿忘"。五州烈士墓园的墓和碑的设计，并非传统意义上的祭祀逝者，它已经具备了现代纪念性景观的功能，达到警示来者、教化社会的目的。

图7-4 黄花岗七十二烈士墓

新中国成立后，为了纪念抗日战争和国内战争牺牲的革命烈士，全国各地涌现出了众多的革命烈士陵园。陵园的主题升华为共产主义、爱国主义和集体主义，具有浓厚的革命情节和时代印记，陵园空间的规划也朝着更简约化和公众化的方向发展。

近年来，随着思想的转变和对历史、人文的重视，以及经济发展的需要，我国开始出现了各种类型的纪念性公园，如张大千纪念公园、李商隐纪念性公园、云南玉溪聂耳公园等名人类公园；汶川地震遗址纪念公园、台湾二二八和平纪念公园等纪念事件类公园；厦门海堤纪念公园等重大项目建设类公园。公园的规模和功能也有了前所未有的拓展，现代的纪念性公园除了仍以纪念性为核心外，已经基本达到了综合性公园的规模，功能也发展到了包含纪念、游憩、休闲、教育、旅游、商业等现代社会功能。

7.6 纪念性公园总体规划设计

7.6.1 园址的选择

纪念性公园是一种群体纪念活动的场所，由于其功能特殊，需要营造庄重、肃穆的气氛，所以选址既要与群众接近，又要保证纪念性的氛围不被干扰。纪念性公园在选址的时候基本存在以下几种倾向：

1.以名人故居为核心

在城市中最能反映场所精神，承载地域历史文化和记忆的莫过于名人故居了。名人故居作为地域文化的载体，记录了当时当地的文化传统和风土人情，是城市记忆的守护者，是故人留下的一笔弥足珍贵的自然文化遗产，也是重要的纪念性景观。如具有岭南园林与江南园林完美结合的水竹居（刘学洵故居）；辟有国内最大的人工溶洞晚清名园（胡雪岩故居）等。

2.以现址或遗址为核心

以现址或遗址为核心进行构建纪念性景观，易于紧紧结合优秀纪念构筑物的设计和其纪念的寓意，设计形式取材于地方文化、主要纪念的人或事，并抽象蕴含寓意或是加以夸张，在形式中表达事件真实的、寓意独特的、地方乡土色彩的纪念。

西安自建都以来，对旧城墙的保留、保护性修复，并对唐城绿带的建设与周边的城市开发以及考古工作进行，并完成唐代城池遗址的唐城绿带（明德门社区）唐城墙遗址公园（高新区段）、唐城遗址公园（曲江新区）和西安牡丹园的修复保护。

图7-5　唐山地震遗址纪念公园内震后的建筑构件

为了纪念位于埃及阿斯旺南部的新水坝建成，在大坝的西端建有一座凯旋门和一座纪念碑。纪念碑由四块高大的顶部为尖状的白色巨岩组成，形成埃及传统的莲花盛开的形状。莲花是奉献给神的神圣的花，它的形象取材于埃及古老的文化传统，是为了纪念修建阿斯旺水坝所淹没的埃及古迹以及尼罗河的新成就，表达尼罗河在人类历史上第一次完全处于人类的控制之下时埃及人的欣喜和歉意。

唐山地震遗址纪念公园是为了纪念1976年唐山大地震以及对震后遗址的保护而建设的。公园保留

图7-6　镌刻24万个同胞名字的纪念墙

了原唐山机车车辆厂震后仅剩的残缺、扭曲、倾斜的建筑构件（见图7-5）。地震后残留的建筑遗迹，记录了灾难的瞬间，形成永恒的画面，直观地冲击着观者的视觉，强化了对灾难降临时的感受，将观者的怀念情绪提升到一定的极限。

在公园纪念之路的北侧，设计师利用黑色抛光花岗岩铸造了一段纪念墙，墙体由4段主体构成，镌刻了那场灾难中失去生命的24万个同胞的名字。纪念墙前的纪念广场采用灰色花岗岩铺砌，点缀了因拆迁而来的废弃砖瓦，为市民提供了集体祭奠的场地。光滑的花岗岩面映射出辽远的天空和瞻仰者的身影，借由光影的变化和视觉的转化，将往事的回忆和现实的环境融为一体，感受到生者与死者共同存在的情绪，印象深刻而感觉却是平和的（见图7-6）。

3.以墓地为核心

中山陵作为伟大的民主革命先行者孙中山先生的陵寝，位于南京紫金山南麓，孙中山先生是中国民主革命的先行者，中华民国的开国元勋，是一位领导中华人民推翻封建帝制，为中华人民获得民主自由而献出一生的伟大爱国者。他为中国的民主、富强奋斗终生，建立了不可磨灭的丰功伟绩。

中山陵位于城市东部紫金山南麓，交通比较便捷，环境也相当幽静。中山陵风景区重峦叠翠、古树参天，也为纪念陵园所需要的气氛打下良好的先天条件。同时中山陵所处紫金山地区自古就是各朝帝王将相墓葬集中的区域，中山陵选址于紫金山的南坡的林木中，明孝陵的东边，但位置更高，这一点背靠山麓，面对远山，两旁山丘相傍，与中国传统风水吻合，构成了中山陵园风景区的纪念性资源主体。

7.6.2 纪念性公园的构成要素

1.水体

水体具有很强的象征性，在纪念性景观的设计中运用的比较多，其具体形态可以表现成为水池、喷泉、水池或湖、跌水与瀑布、雾态水等。与其他要素比较，水体具有独特性。由于水需要容体来控制，因此容体的形状、尺度以及质地会对水景产生影响。另外水声也会对游赏者在纪念性公园内的感受产生影响。水的不同形态在纪念性公园设计中有不同的运用方式。

图7-7　泰姬马哈尔陵

（1）静态水　建于印度莫卧尔王朝的泰姬马哈尔陵是整个伊斯兰世界建筑的精华。它的和谐对称、花园以及水中倒影的完美结合令无数参观者惊叹。方形庭院的纵横轴线上设置了又窄又长的十字形水池。水面面积不大，却四向延伸，控制了整个大庭院，水平如镜，宁静祥和，映照出蔚蓝色天空下的白色建筑，白色大理石的高雅和水面的明朗创造出既华丽又素雅、既愉悦又带有几分忧思的气氛，倒影使得真实与幻象同时存在，因而构成了精神与现实的完美结合，实现了场所的审美理想。水景在宫廷或圣地，除了造成视觉上的美感外，它更具有精神上的象征意义。它不仅表现了当地的水文化，还带有更多的宗教和哲学意味（见图7-7）。

（2）动态水　动水包括自然江河、溪流、瀑布、喷泉及叠水等。动水是运动着的，昼夜奔流不息，这和时间一去不回头的特性有着相通点，所以常常以水来隐喻时间的流逝。"逝者如斯夫，不舍昼夜"便借河水来叹息时间的流逝。

美国华盛顿的马丁·路德·金纪念园的水景就是利用水来象征时间特性的一个成功的范例。走进该纪念园，便能感受到设计者的智慧，设计者因地制宜根据河滨场地的落差设计下沉的小广场，广场一侧是磨光花岗岩的墙，墙上按年代顺序镂刻着马丁·路德·金一生的重要警句，薄薄的水缓缓地从墙上轻轻地滑落，非但没有遮挡住，如"I have a dream"之类引人深思的警句，反而吸引人们驻足观赏，增强了文字的效果，使人们感受到马丁·路德·金的思想，无论时间怎样流逝永远不会磨灭。

2.雕塑

雕塑作为纪念性公园中的重要构成元素，是纪念意境赖以传达的最重要途径，可以说雕塑传达了几乎所有的精神含义。纪念性雕塑的创作不但要把握一般雕塑的造型、材质、色彩，更要从观赏者的审美心理出发，考虑观赏者在观看时的感受。

人类自远古以来，就有树立雕像纪念神灵或祖先的传统。如南太平洋复活岛的纪念雕塑群、埃及的狮身人面像等。西方自古罗马以来，更是热衷于树立雕像来纪念伟大的君主或将军，为他们歌功颂德。在欧洲的城市里，此类纪念性雕塑很多，几乎所有的城市广场都有。如佛罗伦萨的大卫广场有米开朗基罗的大卫雕像，法国凡尔赛宫前广场上有路易十四的铜像。

近代中国以纪念行为而塑造的个人形象，最早出现于西方列强在华的租借地上，如1865年上海的法国侨民首先依西方传统在法租界公馆马路法公董事局大楼前，为太平军战斗中阵亡的法国水师提督罗德树立了铜像。民国期间中国各地最为普遍的纪念雕塑当属革命先驱孙中山的像，1925年3月22日孙中山逝世之后，各地便纷纷提倡为他造像，提高了与孙中山生平密切相关的地点的神圣性，也宣扬了孙中山的三民主义思想和革命理念。

图7-8　越战纪念园中士兵雕塑群

美国越战纪念园中，越战纪念碑前（见图7-8）则以三角形草地上行进的士兵雕塑的形式凝固了一个战争中典型的瞬间，这一纪念形式明确表达了，仅对战争中的逝者怀念，而非对战争本身的怀念，三角形场地上士兵朝向尖角行进的方向似乎还模糊地表达了以道路作为纪念内容表达的经典途径。

厦门革命纪念公园中草坪前的一组解放军正在攻坚敌方阵地，体现了解放军战士的英勇顽强，不仅纪念了革命烈士，还烘托出革命烈士的精神永垂不朽（见图7-9）。

图7-9　厦门革命纪念公园雕像

3.路径

路径是纪念性公园的主要要素，人们正是通过路径上的移动来获得观察和认识纪念对象的可能，同时其他要素也是沿着路径开展布局，它是参与纪念的通道，是公众游览、休憩的途径。

现代纪念性公园的设计强调参与者的体验与感受，它强调了参观者对作品的体验式阅读，通过体验来把参观者的纪念思路打

图7-10　肯尼迪纪念碑

开，进而实现纪念性景观营造的文化意义和文化价值。杰里科设计的肯尼迪纪念碑（见图7-10），一条6000块花岗岩石板铺砌而成的蜿蜒小路沿山丘平缓上升，通向纪念碑。小路创造了无限延伸的感觉，令步行的参观者置身于宁静的、祥和的空间，加上光影变化与路径的结合，易于陷入冥思，形成神圣感和仪式感。

4.地形设计

地形在纪念性公园中有重要功能作用，因为地形直接联系着众多的其他要素。此外，

地形也能影响区域视觉特征，影响空间构成和空间感受。

（1）分隔空间的功能 地形可以利用许多不同的方式创造和限制空间。如提高或降低平面来创造或改变空间。

（2）控制视线的功能 地形控制的视线的作用，是通过建立空间序列，使它们交替地展现和屏蔽目标或景物。这种手法常被称之为"断续观察"或"渐次显示"。设计师利用这种手法创造了连续性变化的景观，许多陵园景观便是利用这种手法，比较典型的是南京中山陵。

5.人工构筑物

（1）景墙、浮雕 作为构景的重要元素之一，通常墙在纪念性公园中可以扮演各种不同的角度。

南昌八一纪念广场以广场中心四周树立的八块中国人民解放军军事题材的浮雕构成。它们分别是南昌起义、秋收起义、井冈山斗争、红都瑞金、万里长征、敌后抗日、解放战争、钢铁长城。其背面是江西现有的八个国家级风景名胜区，即以井冈山、庐山、三清山、三百山、龙虎山、仙女湖、梅岭、龟峰为题材的山水浮雕。

葫芦岛市和平纪念公园利用连接遣返纪念馆和山顶和平祈愿台间的山谷的限定条件，以高低不同的石墙突出空间的引导性。石墙用来镶嵌有关和平的箴言、警句及著名人士参观和平公园的感言，形成一条具有纪念意义的登山道。

北川抗震纪念园设计了一幅实时图卷，讲述了从毁灭到重生的完整历程，将生者与逝者都带入历史烟波浩渺与自然的生生不息之中。参观者可以接触这幕厚重的画卷，从入口废墟到达充满生机的出口，籍由光影的反复、视觉的转化、心理的渐变，感受了一段平静却希翼的旅程。而在浮雕墙的留白之处，许多年后也许会被纪念者们镌刻下新的名字和话语，汇成新的史诗（见图7-11）。

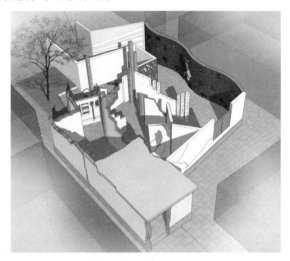

图7-11　北川抗震纪念园

（2）纪念碑 蔡锷墓通高7m，上下分冢和碑两部分，冢为花岗石砌成的覆钵形，上竖方尖碑的花岗石碑，碑高约6m，正面嵌铜板，上刻："蔡公松坡之墓"，两座坟茔墓碑的方尖碑造型来源西方，而蔡锷墓的方尖碑与覆钵形结合构成一个钟形，更具有"唤醒中国"的象征意义（见图7-12）。

图7-12　蔡锷墓

罗斯福纪念花园是为了纪念美国前总统富兰克林·德兰诺·罗斯福，由著名的风景园林师劳伦斯·哈普林（Lawrence Halprin）于1974年设计完成的。公园的最大特征是由四个近似方形的室外空间组成的开敞空间，代表着罗斯福总统的4个任期。四个空间通过绿化和景观设施联结成连续的游览空间，并搭配以石墙、瀑布和花灌木等低矮景观，让游客对罗斯福的整个人生经历有更亲切的感悟。

图7-13　越战纪念碑

林璎（Maya Lin）设计的越战纪念碑，以黑色的花岗岩砌成了长500ft（1ft=0.3048m，ft为英尺的符号）的V字型碑体，与传统碑体高耸入云的气势相反，V型碑体则选择了深入地下的形式，上面刻画着在越南战争中阵亡的57000名美军名字，用来纪念越南战争中战死的美国士兵和将官。V型碑体分别指向林肯纪念堂和华盛顿纪念碑，通过借景让游人感受到纪念碑与这两座象征国家的纪念建筑存在着紧密的联系。整个场所含义深刻、贴切，既提供了让人们解读战争的文本，也暗示了医治战争创伤的愿望（见图7-13）。

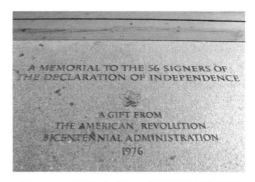

图7-14　《独立宣言》56位签署者纪念石碑

《独立宣言》签署者纪念园将被纪念者的姓名刻写在低平的石块上，追求一种平和的、低姿态的纪念形态，与环境融为一体，有别于传统的碑式纪念景观（见图7-14）。

（3）其他形式　在纪念性景观中很多是对人的纪念。当代纪念性景观中，被纪念的杰出人物、英雄脱去了"神性"的光彩，还原成有血有肉的"人"。以"人与人之间是平等的"这样一个社会伦理关系为前提来进行纪念，具有更强的

图7-15　印第安纳州士兵纪念柱阵

教育意义。通过对弥足珍贵的生命的强调来表达怀念的心情，张扬人文精神，也彰显了时代的特征。

印第安纳州士兵纪念柱阵（见图7-15），在看似统一的视觉形态上做出了细节的变化，令整个场所具备特有的人文气息。布置在外圈的柱子上刻着战死者的名字，而内圈的柱子上则刻有精选的士兵的信件。这种设计方式摒弃了对战争残酷的大力渲染，表达了战争中依然浓厚的亲情、爱情和生生不息的生命延续，令参观者动容，更能增加对战争的思索。

俄克拉荷马城大爆炸纪念园运用了概念性的、抽象的设计手法。设计师创造了168把玻璃椅子，整齐地排成9排，每把椅子上刻有一名死难者的名字，用以纪念大爆炸中168名逝

者。有19把较小的椅子，纪念大爆炸中死去的儿童。通过这种处理手法淡化灾难的沉重记忆，将观者引入一种平和、淡然的情绪，加深了对这起灾难事件的深层次的思考（见图7-16）。

6.植物

（1）植物具有象征和隐喻的功能　植物的象征和隐喻功能是纪念性园林最常用、最有效的设计手法，能给人们留下无限的想象空间。植物的不同形态和色彩能增加不同的纪念特质，烘托出纪念主体的形象和意境，有助于纪念主题的表达。

图7-16　俄克拉荷马城大爆炸纪念园

苏东坡纪念馆的竹子，有着很深的象征意义。竹子素来被用来形容高风亮节、虚怀若谷的高尚品德，视作最有气节的君子。苏东坡一生爱竹，而他为人确也有着竹子般的秉性，率真正直而不畏权贵。

北二二八纪念碑竞赛中，有一个方案名"苔苑"，构思十分巧妙。在基地中切出一块接近菱形的地种植青苔，取得"梅风地褥，虹雨苔滋"的古诗意境。青苔象征着平凡的生命，需要细致的爱护与滋养。盛夏雨过，虹现天际，苔润石生云，凭吊者在此，俯仰天地，观察万物，顿生追古思今的情怀。

美国的艾滋病纪念园中，设计师用死去的乔木作为纪念园中的主景，象征那些因为身患艾滋病而夭折的人。植物的荣枯以及季相的变化在特定条件下可以将观者的感受同生、死以及轮回的循环联系起来。

（2）植物具有营造空间的功能　植物通过枝叶的遮蔽性，既可以构成空间、引导空间，又可以阻隔空间，达到所需的效果。植物对空间的营造要与整个纪念区域的环境氛围相协调，以营造或庄严或轻松的气氛。

（3）植物形态具有营造氛围的功能　树木形态各不相同，所营造的空间效果和气氛也完全不同。

尖塔状和圆锥状的植物有庄严肃穆的效果，如南洋杉、水杉、圆柏等。常绿的尖塔形柏类常被用在陵园或纪念碑广场中来表达肃穆的气氛。杭州的浙江革命烈士纪念碑前，就使用了两排高大整齐的龙柏，很有震撼感，烘托出了庄严肃穆的气氛。

柱状的植物有高耸静谧的效果，如龙柏、池杉等。浙江革命烈士纪念碑前的阶梯广场两边就是整齐的龙柏，守卫着高耸入云的洁白纪念碑，一横一纵，庄严且有气势，使人产生进入圣地之感。

垂枝形的植物可以表示哀思和悲痛，如柳杉、柏木、龙爪槐、垂柳、云南黄馨等。

（4）植物的色彩可产生不同的心理效果，直接影响景观空间的气氛，可以被看作是情感象征。鲜艳的色彩给人以轻快、欢乐的感觉，而深暗的色彩则给人以严肃、沉重的感觉。在古代的纪念性园林中，为了达到庄严肃穆的纪念效果，往往会使用松、柏等色彩暗深的树种；而现代园林为了表达某些特殊的纪念效果也常常会使用色彩鲜艳的植物来烘托气氛。

杭州的解放纪念碑广场四周的绿地栽种了大片的雪松、香樟，浓绿的底色使整个环境显得庄严、雄伟、肃穆。在雪松前点缀红枫，鲜艳的红叶，仿佛正是那些为了杭州解放而牺牲的烈士们用鲜血染成的，表达壮烈的美，令人肃然起敬。

7.7 案例分析：嘉庚文化广场

7.7.1 用地概况

1.用地情况

规划中的嘉庚文化广场总用地面积为104487.59m^2，地处集美学村东侧滨海地段，毗邻鳌园，在东海商住区以南，鳌园以北，浔江路以东直至滨海，用地范围相对平整、略有起伏，基本趋向为北高南低、西高东低，地理位置独特，具有良好的自然环境和人文环境，基地自然景观资源丰富，优良的、特色的立地条件为嘉庚文化广场的建造提供了独特的用地场所。

2.用地分析

用地范围在现有陈嘉庚纪念馆用地的基础上进行全新的规划设计，便于设计思想的实现。

1）有丰富的水系资源可充分利用，创造丰富的滨水景观空间环境。

2）地形较为平整，略有起伏的微地形，形成良好的空间环境，可创造丰富的视线走廊。

7.7.2 设计目标、功能、主题定位

1.设计目标

创造良好的植物景观，描绘优美的环境空间，弘扬嘉庚精神，提炼诚毅精髓、突出缅怀主题，将嘉庚文化广场建设成为供游人、市民集教育、文化、休闲、娱乐、游憩为一体的滨水教育园区和成为国内外知名教育人士交流、会集中心。将其打造成厦门重要爱国主义教育基地、使其成为集美景观亮点，乃至成为厦门优美的滨水景观休闲带。

2.设计理念

（1）生态的理念 人工生态系统和自然生态系统的沟通与互动将成为未来景观设计的主题。

（2）共生的理念 人与环境的共生，使景观空间得到进一步的提升和优化。

（3）以人为本的理念 形成人性化、开放性的空间，让自然与文化交融。

3.主题定位

缅怀嘉庚生平，弘扬嘉庚精神。

7.7.3 设计内容

根据规划设计的要求，将嘉庚文化广场定位为以纪念性为主，休闲性为辅的文化

广场。我们将广场分为两大块：（前方）纪念广场和（后面）休闲空间（见图7-17和图7-18）。

图7-17　嘉庚文化广场平面图

图7-18　嘉庚文化广场鸟瞰图

前方纪念广场分为两条大道和七个主题园区。

两条大道是嘉庚生平大道和广场景观大道。

七个主题园区遵循时间关系逐次递进，紧密围绕着两条大道，并由园区内的园路有机地联系在一起。几大主题要素相互关联，不可分割，统一地协调在一起形成了主题纪念广场区。

广场主入口由三组圆弧形景石墙组成。圆形的透窗、潺潺的流水、奇异的岩石、零星夹杂其中的花草灌木、构成了一组富有中国古典趣味的景观组合（见图7-19）。

图7-19　嘉庚文化广场主入口

1.生平大道

在生平大道的地面铭刻着陈嘉庚从1874年到1961年伟大人生的年记事，在关键年份（例如1921年厦门大学成立、1938年被选为南洋华侨筹赈祖国难民总会主席）树立牌坊，纪念陈嘉庚先生人生路上的闪光点（见图7-20）。

在诚毅广场水池上设计一座大型石雕，高8米，宽4米。在平坦的大广场上更凸现出它的气势。石头采用淡红色花岗岩，并且表现手法有别于厦门现有的陈嘉庚先生雕像的常见表现形式，而是结合绘画的写意手法把陈嘉庚先生的全身像似有似无的浅凿于石头之上。

主题雕塑位置示意图

图7-20　生平大道主题雕塑

城 公
市 园
Planning and design
of City Park landscape
景观规划与设计

2.景观大道

以主体建筑南北中心线为轴线，以大气的铺装、整齐的植被和优美的水景营造了庄严肃穆而又不失精致的景观道路（见图7-21）。

图7-21　景观大道

七个主题园区：峥嵘岁月、菁莪远荫、赤子情怀、共议国事、誉满千秋、静影沉璧、浮光跃金。

（1）峥嵘岁月　利用浮雕墙的形式，表现早期华人华侨南下南洋艰辛的创业历程。同时也表现了华人华侨在海外创业的成功，并为当地的经济发展做出贡献，他们以能吃苦耐劳、富于进取精神得到了世界的普遍承认。

（2）菁莪远荫　用大树遮阴的手法寓喻陈嘉庚倾资办学，对教育事业所做的贡献，"前人栽树，后人遮阴"，园区内长廊边两块长条的巨石上分别铭刻着陈嘉庚创办的两所著名大学——厦门大学和集美大学的校训"自强不息、止于至善"。"诚以为国，实事求是，大公无私；毅以处事，百折不挠，努力奋斗。"（见图7-22）

图7-22　菁莪远荫

（3）赤子情怀　园区树立了言论铭文碑，并种植了大片的竹林，表现了陈嘉庚在抗日战争中精忠报国的赤子情怀和高风亮节的君子风范。

（4）共议国事　园区以花祭为主题，利用花阵的表现手法来纪念1949年新中国成立以后，陈嘉庚被选为全国政协常委的史实。历任中央人民政府委员、中华全国归国华侨联合会主席以后，为团结广大侨胞、为祖国建设和统一大业作出了贡献。

（5）誉满千秋　园区主要记载了中外著名人士对陈嘉庚先生的评论和研究，记载了陈嘉庚身后的荣誉和对其精神的弘扬。

（6）静影沉璧　中间的主题广场以长条的静水池为中心，周围分布着88块阔石板，上面铭刻着1874—1961这88组数字，代表陈嘉庚88年的人生历程。中间36株棕榈代表陈嘉庚1890年下南洋到1925年创业有成的最高峰这36年的商业历程。在广场的四周分布着"忠""公""诚""毅"四个风铃，是对嘉庚精神的最精髓的提炼。

（7）浮光跃金　在海边设计木挑台和木栈道，方便了游客亲水观景。风铃悦耳的声音和海边优美的景色给游人带来了听觉和视觉的双重享受。

后面休闲空间分为亲子教育、笔书春秋和游子归来三个主题园区。

（1）亲子教育 在园区内设计亲子娱乐设施，可以让来景区游憩的人们和孩子们享受天伦之乐。并在休闲娱乐的同时寄教与乐地对儿童进行嘉庚精神的熏陶，培养爱国主义精神。同时培养青少年德、智、体全面发展。

（2）笔书春秋 运用文房四宝营造景观小品，人们可以在米字石板上练习书法，增强了互动和娱乐（见图7-23）。

（3）游子归来 绿色阶梯沿滨水展开，逐级降低向海面延伸，游客可以在梯田上面休息和观海。在阶梯的边缘铭刻着不同字体的"归"字，仿佛在呼唤海外的游子早日回归（见图7-24）。

图7-23 笔书春秋　　　　　　　　　图7-24 游子归来

（本方案由厦门瀚卓路桥景观艺术有限公司提供）。

第8章

工业遗址公园

随着后工业时代的到来，传统工业逐渐走向衰退。城市中开始出现被闲置的传统工业区及大量的工业废弃地，给城市带来了一系列的环境和社会问题。在人们探索对如何更新改造工业遗址、工业废弃地这些城市特殊空间，如何保存和保护工业文明等理性思考的影响下，引起人们对这些工业弃置地的关注。在可持续发展思想、和谐城市价值观的指导下，促使了工业遗址公园这类利用工业废弃地建成的新型园林绿地的诞生。

工业遗址公园这类以保存、保护工业遗址和展现工业废弃地独特的场地特征，改造利用工业遗迹、传承与延续工业基地的历史文化、重新塑造场地生态环境和社会价值为主要任务的绿地类型，受到了人们越来越多的关注；它是人们在探索城市园林绿地如何摆脱"千篇一律"模式之路上的一种产物，是工业遗产保护和再利用的一种主要形式；也是城市文明发展史上，对城市土地可持续再利用的一种进步。

8.1　工业遗址公园概述

工业遗址公园是指在弃置的工业遗址或工业废弃地上，通过对场地内的工业设施设备、工业人造物等，采用保留、改造利用、再生设计等途径，改造建设而成的，可供市民游憩、观赏、娱乐以及开展工业科普教育等活动的公园绿地。这类公园既在一定程度上保护与延续了工业文明，同时也改善了城市生态环境，深受人们的喜爱，如美国西雅图煤气厂公园、德国北杜伊斯堡景观公园、法国雪铁龙公园、加拿大维多利亚岛布查特花园、广东中山岐江公园等。

与一般的城市公园绿地相比，工业遗址公园建设场地是废弃或弃置的工业生产用地，这一特殊性赋予了该类公园与众不同的"历史与文化内涵"。保护和传承城市或区域的工业历史及工业生产文明是工业遗址公园的重要使命；它是城市文化主题公园的一种表现形式。而与一般的遗址公园不同，工业遗址公园不局限于仅对遗迹的保存与保护，更重要的是要求通过合理的规划设计，能够使场地获得新生，把场地改造建设成适合时代发展需求的空间。

工业遗址、工业废弃地是城市在发展过程中的必然产物，是城市经济发展和历史发展的见证。伴随着城市化进程的加快，城市土地资源的紧缺和人类对环境保护意识的加强，弃置的工业遗址、工业用地采用公园绿地这种保护、再利用的形式是经过实践证明的一条可行之路，它成为一个城市展示工业文明，延续工业历史的有效载体。美国西雅图煤气厂公园可看成是工业遗址公园的代表之作，它被认为是全球第一个以资源回收方式改造的公园，也是世界上第一个正式的工业遗址公园。它从历史延续、视觉艺术、生态过程、社会贡献等方面着手，把一个废弃的煤气厂改造成了一个具有突出生态效益、社会效益的公园绿地；既延续了该工业厂区的历史面貌和记忆、改善了场地区域及城市生态环境，又为市民提供了休闲娱乐的去处，同时也是开展工业科学教育和工业旅游的重要空间。这些使得该煤气厂公园深受人们的喜爱并久负盛名。在它之后引发了人们尤其是景观设计师对工业废弃地改造利用越来越多的关注，并在世界各地相继有优秀的案例出现。同时它也成为促使现在景观设计行业对工

业遗址公园进行关注并不断深入研究其规划设计手法的推动因素之一。

8.2 工业遗址公园类型

根据不同的分类方法，工业遗址公园可以分为不同的类型。

8.2.1 按公园的位置分类

1.城区工业遗址公园

该类公园位于城市建成区内，在展示城市的工业生产文明、延续工业历史的同时，也为市民及游人提供了观光、休闲、娱乐和进行工业科普教育的活动空间，是城市公园绿地系统中一种重要的公园类型。

2.城郊工业遗址公园

位于城市郊区的工业遗址公园，这类公园的纪念性特征突出，以保存工业遗迹、工业文明为主，具有一定的社会效益。

8.2.2 按工业废弃地的特点分类

1.交通、运输类型的工业遗址公园

该类公园往往利用城市废弃的交通运输空间（如废弃的铁路及铁路站场、运输码头）建设形成，如美国纽约高线公园、广西柳州规划拟建的北雀路铁路遗址公园和厦门铁路文化公园等（见图8-1）。

a)　　　　　　　　　　　　　　b)

图8-1　厦门铁路文化公园

2.工厂、企业类型的工业遗址公园

这类公园是指利用废弃的工厂、厂区遗址改造成的公园。如美国西雅图煤气厂公园的

场地原址是华盛顿天然气公司旗下的一家煤气厂，该厂倒闭后，由美国著名的景观设计师理查德·哈格及其设计事务所的团队，经过改造设计成为一个具有典型代表意义的工业遗址公园。广东省中山岐江公园原场地是中山市著名的粤中造船厂厂址，经过对老船厂厂区的再生改造设计，该场地成为一个展示自然美、生态美、工业美的城市公园绿地。

3.矿山、采石场、垃圾填埋场类的工业遗址公园

广州莲花山风景区和浙江绍兴东湖风景区可以看成是矿山、采石场、垃圾填埋场类遗址公园的雏形。莲花山风景区以及东湖风景区原址为古代的工矿采石场，随着社会的进步和城市发展的需要，被改造利用为风景区，为市民和游客提供休闲游览和科普学习的去处。

8.3　工业遗址公园设计原则及要求

8.3.1　历史性原则

工业遗址公园的场地历史少则几十年，多达上百年，设计时要充分尊重场地的原貌和历史。场地内的工业建筑和设施，如丑陋的厂房、粗笨的大型设备、衰败的运输线路、生锈的管道和以其他设施设备等，往往有着悠久的生产历史或重要的历史价值，是城市记忆的沉淀，它们兼具着述说、传承、延续城市工业生产文明和工业历史的重要使命。规划设计时应该尊重工业场地的历史，选择性地保留利用场地内的工业建筑、构筑物及设施设备作为公园建造的基础。尽量利用这些工业元素和场地内剩余遗留的工业"废料"来塑造公园的景观；做到适度改造，合理利用，形成有特色的景观，让人们在游园的过程中充分感受工业生产和发展的历史（见图8-2）。如一味地追求"创新"设计，摈弃场地原有工业景观面貌和工业历史气息，而大量引入新的材料或利用现代化技术处理，对场地进行彻底的改变，则是一种南辕北辙的做法。

a）　　　　　　　　　　　　　　　　　　　　b）

图8-2　工业元素被重新定义为展示工业文化的景观雕塑

a）美国西雅图煤气厂公园——原有生产设备被保留成为公园内巨大的工业雕塑

b）德国北杜伊斯堡景观公园——矿石料仓拆除顶盖后成为游客的活动场所

8.3.2　生态原则

对工业废弃地进行规划设计时，应尊重场地生态发展过程。以对场地产生最小干扰为

主要指导思想，通过合理的改造利用，实现工业废弃地上的物质和能量得到循环。如可利用原有的废弃材料（残砖碎瓦、工业废料、矿渣废料等）作为建筑材料或植物生长的基质材料，实现废料的循环利用，减少新材料的使用。保留生长的植被乃至不为多数人熟知的"杂草"，并选用适合场地土壤性质的本地植物进行种植，构建符合场地土质环境的植被系统。在尊重场地本身的生态过程的基础上，通过规划设计，保证物质和能量的平衡以及实现场地自我维持的能力。

8.3.3 可持续发展原则

工业遗址公园的规划设计要遵循场地的原有景观特征，因地制宜；对场地地形、工业元素及植被进行合理、适度的改造利用。改造利用的形式既要不失工业文明的特性，也要符合现今时代的审美、游憩、观赏的需求。同时，对工业元素进行保留利用，要充分考虑市民的需求，结合周边环境或城市社会发展的需要，适当扩充保留工业设施及工业元素的功能。如设计师在对美国西雅图煤气厂进行改造设计时，保留下来的工业元素有些成为公园内巨大的工业雕塑；有些厂房则成为市民活动、休息的空间；而有些工业设施、设备则被改造利用为儿童游戏玩耍的设施。

8.3.4 以人为本原则

工业景观保留利用的形式、公园游览路线的组织、游憩空间和活动设施的布置，要结合游人的需求进行合理地安排布置。特别是在工业遗址保护区内，应该结合各种工业建筑、工业设施、设备等的特点进行合理的改造利用，充分发挥这些工业元素的可持续再利用的价值。如德国北杜伊斯堡景观公园内原场地内废弃的混凝土墙和水泥地成为吸引青少年、攀爬及滑板爱好者所青睐的攀岩训练场地和滑板场地（见图8-3）。

a)   b)

图8-3　德国北杜伊斯堡景观公园

8.4 工业遗址公园规划设计要点

8.4.1 主题突出

工业遗址公园所在场地的工业生产性质突出，应把保护工业遗产和传承城市工业历史、文明作为设计考虑的一大重点。在规划设计时，要紧紧围绕场地是工业遗址的特性展开，服务、设施、环境以及游园活动以此为中心进行展开设计。

工业遗产包括物质遗产和非物质文化遗产。物质遗产包括生产设施、仓储设施、交通运输设施、给水排水设施、管理设施以及与工业生产相关的各种设施设备和场地等，比如各类厂房建筑、锅炉房、管道、运输铁路、堆料场等，但具体内容会根据不同的工业类型有所差异。非物质文化遗产包括工业生产的历史、工业生产文化、企业精神、企业形象以及人们特别是企业员工的情感寄托等内容。在规划设计时，可通过对场地地形适度的改造，对场地现有的资源和工业元素进行有选择的删减利用，以及通过构建一些具有情感共鸣的活动空间来体现工业遗址公园作为保护延续工业文明的重要主题。

8.4.2　生态设计

生态设计体现在对工业场地内废弃材料的循环利用和对场地生态发展的尊重。结合相关生态学知识，尽量做到使场地内的物质和能量实现循环利用。主要体现在以下两个方面。

1.废弃材料的再利用

遗留在场地内的废弃材料主要有两种，一种是没有污染的废料，经过简单的艺术处理可以直接作为公园造景的材料，如德国北杜伊斯堡景观公园内用废弃的49块钢板进行铺装，形成有名的金属广场；德国萨尔布吕肯的港口岛公园原有场地内的碎石瓦砾成为公园建设材料的一部分，同时也是公园内花园的重要组成部分（见图8-4和图8-5）；另一种是具有污染性质的废料，这些需要进行处理后再利用，作为园林景观要素。

图8-4　德国北杜伊斯堡景观公园——金属广场　　　图8-5　德国萨尔布吕肯港口岛公园

2.植物景观设计

植物景观设计应该以有利于场地的生态发展及自然再生的过程为设计主要思路。场地内生长的植物包括野生植被、古树名木，它们经过了自然竞争和筛选，已经适应了场地的环境特点，在设计时尽可能保留利用场地上的原有植物，并适当增加选用当地乡土植物，以构建符合工业遗址氛围、具有当地乡土气息并且健康、生态的植物景观。

此外，植物种类的选择应该结合场地的土壤情况进行考虑，尤其要注意场地内不同地段的土壤是否存在不同程度的污染。对于受到严重污染的土壤空间，在了解污染物质的来源、污染物质的主要成分的基础上，必要时要有针对性地选择抗污染能力较强的植物。

一般抗污染的植物有以下几类：

（1）抗二氧化硫的植物　冷杉、雀舌黄杨、雪柳、花柏、槐树、杨梅、锦带花、柳杉、柞木、阔叶十大功劳、华山松、冬青、乌桕、枳橙、桧柏、珊瑚树、银白杨、白玉兰、蚊母、广玉兰、北京丁香、苦楝、女贞、茶花、黄栌、朴树、匍地柏、厚皮香、连翘、麻栎、海桐、十大功劳、月桂、黄杨、石栎、扁柏、栾树、丝兰、泡桐、夹竹桃、长山核桃、云杉、丝绵木、大叶黄杨、无患子、构树、合欢、洒金东瀛珊瑚、板栗、枸骨、石楠、丁香、榆树、梓树、银杏、黄金条、小叶榕、黄连木、柽柳、木芙蓉、蒲桃、枫香、糠椴、垂丝海棠、石栗、山皂荚、杜梨、鸡爪槭、人心果、木瓜、珍珠梅、紫珠、黄槿、君迁子、枣树、桑、柚子、悬铃木、月季、两面针、金银花、太平花、稠李、印度榕、鸢尾、海州常山、胡颓子、台湾相思、金盏菊、无花果、湖北山楂、榄仁树、仙人掌类、白皮松、郁李、仙客来、罗汉松、芒果、紫罗兰、石榴、薜荔、小叶女贞、地肤、八角金盘、棕榈、耧斗菜、蜡梅、栀子、九里香、桂花、牵牛、花椒、凤尾兰、凤仙花、木槿、青冈栎、玉簪、木麻黄、梧桐、络石、接骨木、臭椿、晚香玉、鸡蛋花、刺槐、金鱼草、山胡椒、番石榴、鹅掌楸、半枝莲、红叶李、榔榆、紫穗槐、地锦、油茶、万寿菊、毛竹、蜀葵、美人蕉、菊花、石竹、紫茉莉等。

（2）具有一定杀菌作用的植物　柠檬桉、桧柏、侧柏、白皮松、马尾松、雪松、油松、冷杉、肉桂、杉木、柳杉、五针松、紫薇、黄连木、香樟、悬铃木、枫香、茉莉、柠檬、落叶松、山鸡椒、复叶槭、稠李、桦木、山胡椒、臭椿、楝树、紫杉、薜荔、香柏等。

（3）具有一定滞尘作用的植物　榆树、朴树、木槿、梧桐、泡桐、悬铃木、女贞、广玉兰、臭椿、龙柏、桧柏、楸树、刺楸、刺槐、楝树、构树、桑、夹竹桃、丝绵木、紫薇、乌桕、沙枣、槐树、核桃、珊瑚树、海桐、小叶女贞、棕榈、君迁子、石榴、无花果、木绣球、桃木、重阳木、榉树、蜡梅、栾树、喜树、木芙蓉、盐肤木等。

8.4.3　艺术设计

随着现今对艺术概念理解的多样化，景观设计师把工业遗址看成是大地艺术；遗址上的工业元素被认为是工业生产在土地上留下的艺术品。丑陋的厂房、锈迹斑斑的设备及机械成了工业生产、工人辛勤劳动美的象征。在对场地规划设计时，通过保留重要的工业建筑及工业设施，使它们成为工业场地内述说场地故事的艺术品。同时，对保留的工业元素也可进行必要的艺术处理，如可通过色彩处理、造型处理等艺术加工手段把工业物质遗产转化为具有现代美感或符合其他使用需求的园林景观设施及雕塑小品，让市民和游人穿梭在各种工业建筑、设施组成的园林空间中，感受到历史与现代文明碰撞的火花。

此外，对工业废弃地进行规划设计时还应该充分发挥工业遗产可持续再利用和研究的价值，通过保留、改造再利用等途径，把它们转化为园林功能性建筑或景观雕塑设施，进一步发挥工业遗产再利用或景观观赏的价值。如中山岐江公园内钢架船坞和铁轨被设计师保留利用，成了公园内具有突出文化特征的景观元素（图8-6）。场地内原有的水塔经过简单的处理，被剥掉水泥外衣，露出金属钢架的结构，成为公园内的标志性景观之一——骨骼水塔。美国纽约高线公园保留了部分铁轨，展示工业时期其重要的铁路运输的价值及作用，让市民和游客通过直观的视觉印象感受那段重要的工业历史。此外，公园中多处分布的躺椅及与铁轨指状相交的混凝土也都在述说和演绎铁路运输的历史故事。为更好展示工业生产文化、工业文明，增强工业遗址场地独特的场所感，公园内的雕塑小品形式多为具象的雕塑。

图8-6 中山岐江公园景观

8.4.4 功能分区设计

工业遗址公园功能分区可以分为工业遗址保护区、园林景观休闲区。

1.工业遗址保护区

工业遗址保护区主要以工业遗址景观为主，由工业建筑、构筑物及雕塑小品等组成的景观为主，是展示工业文明的重要区域。该区可结合工业生产的特点或流程安排游览的路线及活动。地形处理多以原始地形构架为主，并因地制宜地安排一定的活动场地及景观节点，以供人们开展相应的游园活动。一般主要的工业景观及工业设施都集中在该区，可把一些重要的工业建筑或工业设施所在地处理成公园重要的节点空间。设计时可以结合主要的园路来串联这些重要的工业景观节点空间，构成公园的主体景观轴线。

2.园林景观休闲区

园林景观休闲区主要是为游人创造良好的游览、观光内容，可结合地形适当安排丰富的游憩活动。平面布置可以采用自然式的形式，并结合地形变化创造景观。植物可采用适

合场地环境特点并具有当地特色的乔木、灌木、地被等进行造景。

工业遗址公园还可根据公园面积的大小，规划布置有自然生态区、管理服务区等。在规划布置功能区时，由于功能区之间的功能、环境等差异，需要处理好各区空间的过渡，可以利用地形或植物的变化使空间自然过渡。

8.5 优秀案例赏析

8.5.1 美国西雅图煤气厂公园

美国西雅图煤气厂公园是世界上第一个正式的工业遗址公园，位于西雅图市联合湖北岸突入水中的场地上，占地面积8hm²。它是在西雅图煤气厂的遗址上修建成的工业遗址公园。西雅图煤气厂于20世纪50年代被废弃，对于该工业遗址利用的方式曾经存在很大的争议。最终由理查德·哈格事务所所做的规划获得认可和付诸实施。通过实践，证明美国西雅图煤气厂公园是工业遗址改造利用的一个成功案例。

理查德·哈格团队尊重并充分利用基地现有的资源，从已有的元素出发进行设计，为城市保留了一段难能可贵的工业历史、工业文化。设计团队对场地的改造利用从三个层面展开。首先，是对场地污染的土壤进行处理。对污染严重的表层土壤采取清除的方式；对被污染的深层土壤，哈格建议引进酵母素和其他有机物质来分解土壤中的污染物，通过生物和化学的作用逐渐清除污染物，创造良好的植被生长环境，力图改善和恢复场地生态环境。其次，对于工业景观的处理，哈格强调工业遗产的保护与再利用。经过有选择的删减后，保留了一部分的工业设备作为工业遗迹、工业文明的表现载体。最后，哈格在尊重场地特征的基础上，对工业元素进行一定的改造处理，使得部分工业元素既保持了工业历史的价值，同时也具有美学和实用的价值。如在公园东部保留下来的一些机器被刷上了红色、黄色、蓝色、紫色等鲜艳颜色，不仅成为色彩鲜艳的工业艺术品，也是人们攀爬与玩耍的重要活动设施。此外，场地内部分设施和厂房也被改造成游人休息，儿童游戏的空间、设施，实现了场地内物质资源的再利用。

理查德·哈格的煤气厂公园设计突破传统的公园绿地规划设计的思路，大胆地保留和利用场地的工业景观，创造了一个具有突出场地特征，尊重场地生态环境特点，符合时代需求的工业遗址公园绿地空间。不仅为当地市民提供了一个观光、休闲、游憩、开展工业旅游和工业科普教育活动的去处，而且也在世界范围内，为同类基地的开发利用开创了一种新的规划设计思路，具有典型的借鉴价值和研究意义（见图8-7）。

图8-7 美国西雅图煤气厂公园景观

8.5.2 中山岐江公园

中山岐江公园是在广东省中山市粤中造船厂旧址上改建而成的工业遗址公园。位于中山市区中心地带，东临石岐河，西与中山路毗邻，南依中山大桥，北临富华酒店。总规划面积11hm²，其中水面占3.6hm²，建筑占3000m²。

在对该场地进行设计时，以俞孔坚老师为首的设计师团队引入了西方环境主义、生态恢复及城市更新的设计理念，并用现代设计手法对场地进行了艺术处理，较好地诠释了场地的信息，传达了新时代对足下文化美、工业美、野草美的理解。设计在遵循场地性原则、功能性原则、生态性原则及经济性原则的基础上，对场地内原有的建筑、构筑物、设备设施、生产工具及植物采用了保留、更新、再生利用三种处理途径，创造了一个具有现代气息，同时又不失场地个性的遗址公园。中山岐江公园是工业遗址进行保护和再利用的一个优秀案例，于2002年在美国一年一度的景观设计师协会年底大会上荣获景观设计的荣誉设计奖。

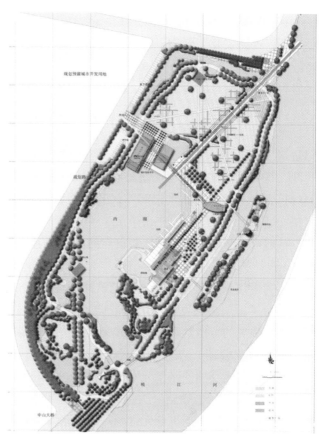

图8-8 中山岐江公园平面图

设计师利用现代化的设计手法较全面地阐述了对场地的解读。其规划设计体现了三大特色，一是通过对旧址内原有的工业景观物质要素，如厂房建筑、龙门吊、水塔等通过采取保留利用或运用现代化新技术、新材料、新工艺进行再生设计的形式，实现场地历史文化特色与现代性的交融。再如公园内的放射状的道路空间、船坞景点、铁轨柱阵景点、红盒子景点、琥珀水塔、骨骼水塔等，较好地实现了历史与现实的交融。二是秉承生态设计的原则，尊重场地自身的生态发展过程。设计师通过对场地及周边水环境的调查，出于对水位变化的考虑，在公园内设计了不同水位情况的堤岸形式（如栈桥式堤岸），并在堤岸处营造植物生态群落。此外对原有野生植物及古树进行保留利用。园内结合防洪需要，挖渠成岛，创造了一个深受市民喜爱的古榕新岛空间。三是设计展现了人性之真。公园内再生设计的红盒子、保留的铁路路线、平地涌泉以及树篱方格网等，都是极易引发市民、游人产生情感共鸣、情感爆发的空间（见图8-8）。

8.5.3　厦门铁路文化公园

1.公园概况

厦门铁路文化公园位于厦门市思明区文屏路至和平码头之间，总长4.5km（含万石山铁路隧道697m），是鹰厦铁路的延伸线，铁路沿线两侧分布有万寿片区、万石山风景区、虎溪岩景区及厦港老城区。

2.设计背景

鹰厦铁路于1955年2月开建，1956年12月建成，是当时厦门唯一的铁路，它打开了厦门迈进工业化的大门。这段延伸段铁路对厦门当时的发展来说意义重大，它位于厦门思明区，是专门为向市区运送建材和军用设备而铺设的，没有通客车。随着厦门城市规划范围的扩大，老铁路从20世纪80年代开始闲置。2011年，厦门市决定对这段老铁路适度改造和精心雕琢，把它建设成一条供市民娱乐、休闲、健身，并串联周边景点、步道的带状公园，打造成一张品味厦门、体验自然的城市新名片。

3.设计构思

作为鹰厦铁路延伸线，这段老铁路荒废多年，不过，它虽然被人们淡忘，但某种程度上也保留了厦门交通发展的最初记忆，有着悠久浓厚的历史文化背景、独特优越的地理位置、丰富优美的自然景观和便捷的交通条件，是城市中心区一块不可多得的宝地。

重修铁路公园，以人的温暖感化废旧的老铁路，重新建立起人、自然、城市的新联系，利用这段废弃的铁路，开发它的价值，更好地促进人类的和谐共生。

设计中采用"老铁路"为主题，按照"体验铁路文化、品味厦门特色"的规划设计思路，将铁道、火车等老工业元素融入沿线景观的设计当中，"做到脚下有文化"。

4.设计定位

尽量保留铁路原有的历史、生态面貌，尽可能保持老铁路自然的绿化形态，使其成为一条穿梭于现代都市中的天然绿色走廊。

5.设计原则

（1）自然生态原则　强调铁路原有生态面貌，在不影响铁路功能的情况下，对沿线周边的绿化进行整理改造，保持其自然的绿化形态。使其成为一条穿梭于现代城市中的绿色走廊。

（2）文化原则　提炼铁路文化、厦门海港文化、战地人防文化等，深刻挖掘其历史，努力提高文化品位，精心设计小品与绿化，整治现有杂乱的环境，并通过雕塑、小品等多种形式展示厦门的历史，增加文化情趣。

（3）简洁原则　从整体风格到细部设计遵循怀旧、简洁、朴素淡雅的原则，避免过度刺激性的灯光与广告营造的商业气氛，要求透出铁道自身的魅力与味道。

（4）战备原则　由于铁路的特殊性，虽然长期闲置不用，但本身作为一条战备运输线有它保存的必要性。所以改造过程中要确保原有铁路线的可通达性。不能做太大的改变，并在必要时可以很快恢复铁路的通车能力。

6.以文化架构为主的功能分区

按照文化架构，整条老铁路带状公园从北到南可分为铁路文化区、民情生活区、风情体验区和都市休闲区四个功能区块，四个区块各具魅力（见图8-9）。

（1）铁路文化区　铁路文化区位于文曾路至万寿路段，总长为850m。该区集中展现老铁路的文化底蕴，设计手法上秉承"七分保留，三分改造"的原则。将原本破旧的铁路道班房，改造成"铁路之家"的特色小卖部，采用防腐木与钢材进行外立面装饰，小月台、火车厢小卖部等景观小品和设施，容易唤起人们对"古早"火车的记忆。

1）利用道路口空地，设置棋牌小广场。

2）在步道侧布置用废弃火车箱改造成的小卖部、厕所等服务设施（见图8-10）。

3）在较宽广处，布置挑台，结合木廊、服务房，作为咖啡吧、小卖部等场所（见图8-11）。

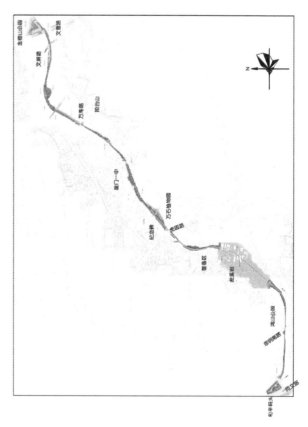

图8-9　厦门铁路文化公园分区图

图8-10　用废弃的火车箱改造成小卖部、厕所等服务设施

图8-11　较宽广处挑台结合木廊

4）该段采用红砖结合卵石铺地。

（2）民情生活区 民情生活区位于万寿路至虎园路段，长为1040m。这一段居民区较多，所以公园景观的设计将突出生活的情趣。充满历史人文气息的雕塑小品是老铁路公园的亮点之一。

1）增设雾森节点景点，点缀"童趣"雕塑，营造儿时走铁轨的乐趣（见图8-12）。

图8-12 雾森节点和"童趣"雕塑

2）在枕木保存较好处，保留铁路原状，在铁路两侧增设木栈道，步道采用防腐木铺地，在木栈道增设防护栏。

3）某些步道铺装采用卵石嵌枕木间隙，以及木栈道嵌地刻，作为步道景观节点（见图8-13）。

图8-13 步道铺装采用卵石嵌枕木间隙和木栈道嵌地刻

4）沿步道布置观景亭、特色休闲坐椅，供行人休息、观景（见图8-14）。

图8-14 沿步道布置观景亭、特色休闲坐椅

5）在高边坡段，运用防护栏及绿篱进行防护。

6）将原有破旧围墙拆除，增设花坛结合植物进行分隔，增加通透性；花坛种植文殊兰结合时令花卉进行点缀（见图8-15）。

图8-15　原有围墙拆除，增设花坛结合植物进行分隔

7）配置苦楝、大叶榕、黄心梅、类芦竹、紫叶李、迎春、蜘蛛兰、紫檀、芦苇、剑麻、长春花、扶桑、葛藤、爬山虎等植物进行绿化美化；靠一侧增加种植泰国竹、慈竹等，并在竹丛下设置休闲桌椅。

（3）风情体验区　风情体验区位于虎园路至思明南路段，长为1382m。这里有一座废弃已久的铁路隧道，长约为700m，铁路隧道原本黑暗阴冷、杂草丛生，经过巧妙设计，最终建成了一间别致的人防科普知识和厦门铁路历史展示馆，利用灯箱宣传鹰厦铁路的历史和厦门铁路的发展历程，让人们了解这段铁路的历史，为市民增加一处吸收人防科普知识的新空间，为中小学生提供一个爱国主义教育新基地（见图8-16）。

图8-16　铁路隧道改造

1）该段人车共行，增加人行道彩色沥青铺地（见图8-17）。

图8-17　人车共行，增加人行道彩色沥青铺地

2）路侧种植扶桑、爬山虎、黄心梅、蜘蛛兰等植物进行绿化。

（4）都市休闲区 都市休闲区位于思明南路至和平码头段，长为550m。这里结合铁轨布置了咖啡屋、茶吧、家庭旅馆，游客一路下来，有些疲惫，可在这里休憩放松一下。品尝浓香咖啡，透过落地玻璃窗欣赏窗外的老铁路，别有意境。

1）靠近和平码头的三角绿地摆放厦门第一列火车头进行展示（见图8-18）。

图8-18　展示厦门第一列火车头

2）步道铺地采用卵石嵌枕木间隙。

3）在步道两侧种植耐阴植物，如海芋、春羽、蜘蛛兰。

7.道路交通规划

铁路文化公园的原有铁路沿线片区交通矛盾突出，特别是沿线居民的交通可达性、便捷性及舒适性均较差，通过原有铁路的改造利用，改善沿线片区的路网连通性及片区可达性。同时原有铁路串联了较多的人文及自然景观，包括植物园、纪念碑、白鹿洞、鸿山公园等，老铁路本身也具有较好的旅游开发价值。

因此铁路文化公园的交通定位为步行及自行车的纯慢行系统，并利用局部空旷场地建设景观节点，既为周边居民服务，也可吸引休闲健身人群。

8.植物景观规划

铁路文化公园最大程度保留了原有铁路两侧的原生树种，有木麻黄、麻楝、樟树、台湾相思树以及早先开挖山体种植的耐贫瘠、耐旱植物，很好地保护了当地的生态。同时，这些成长多年的原生树树形优美、生长苗壮、树冠宽阔，也为铁路公园沿线提供了大片的天然遮阴环境。景观上使得铁路公园本身的纵深空间不那么单调，空间有合有放，意境悠远，大量的树冠往铁路方向延展，为摄影取景提供了优良的前景衬托；经济上省去了大树的栽植，节约了建造成本。

除了保留原有树种，根据现场不同地段阳光、水分、土壤的差别，设计种植了桂花、旅人蕉、三角梅、紫竹、红绒球、苏铁、大花芦莉、金边假连翘、非洲茉莉、棕竹、花叶鹅掌柴、蜘蛛兰、黄金榕、红花檵木、合果芋、红背桂、美人蕉、沿阶草、福建茶、大叶红草、海芋、萼距花、巴西花生等植物，提升了整个铁路公园的景观品质，创造了令游客赏心悦目的风景。

（本方案由厦门瀚卓路桥景观艺术有限公司提供）。

第9章

SHIDIGONGYUAN

湿地公园

9.1 湿地公园的相关概念

9.1.1 湿地公园概念

现在对湿地公园的定义没有具体的定论，但在我国，相关部门和众多专家学者就湿地公园的概念都给予相对明确的界定。纵观关于湿地公园的众多概念，可以概况和总结出湿地公园应该具备几点属性特征：一是与一般的水景公园相比，湿地公园强调湿地系统的生态特性，湿地景观是湿地公园发挥生态效益的主体部分。二是与一般公园绿地相比，湿地公园除了具有一般公园的常规特征及功能外，还以湿地保护和开展湿地科学研究及湿地知识科普教育、湿地景观观光、游憩为特色。三是湿地公园除了是居民与游人开展社会活动的场所外，更为重要的是它还是生物多样性保护与培育的重要绿地空间，是各种湿地植物展示，各种涉禽、游禽栖息活动的场所。

总的来说，湿地公园是指在自然湿地或人工湿地的基础上，通过合理的规划设计、建设及管理的以湿地景观为主体，以开展湿地科研和科普教育、湿地景观生态游憩的公园绿地。它具有城市公园绿地的一般属性特征，同时又以生态旅游和生态教育以及兼有物种及其栖息地保护功能为特色。

9.1.2 湿地公园类型

湿地公园的分类有利于国家及城市相关部门开展对湿地的相关科学研究，方便对不同功能、性质、特点的湿地公园实施管理、保护及规划建设等相关工作。

根据不同的分类标准，湿地公园有不同的类型。

1.根据所批准建设的主管部门及公园功能进行分类

根据湿地公园所批准建设的主管部门及公园功能侧重的不同，湿地公园可以分为国家湿地公园和国家城市湿地公园。其中，根据2005年6月建设部颁布的《城市湿地公园规划设计导则（试行）》中的定义，国家城市湿地公园是一种独特的公园类型，是指纳入城市绿地系统规划的、具有湿地的生态功能和典型特征的，以生态保护、科普教育、自然野趣和休闲游览为主要内容的公园。国家湿地公园如苏州太湖国家湿地公园、杭州西溪国家湿地公园；国家城市湿地公园如昆明五甲塘湿地公园、上海崇明西沙湿地公园。据相关研究，我国截止到2009年1月，已经建成和获得批准建设的国家级湿地公园有68个，其中国家湿地公园为38个，国家城市湿地公园为30个。另外，根据湿地公园的规模大小及影响力的不同，《湿地公园管理办法》将湿地公园分为国家级湿地公园和省级湿地公园。

2.根据建设场地的湿地景观属性分类

根据湿地公园建设场地原有的湿地景观属性，可以将湿地公园分为自然型湿地公园和人工型湿地公园。自然型湿地公园一般是在自然湿地保护允许的范围内，通过合理、适度的规划设计及相关设施的布置，建设成的可以开展湿地生态旅游和科普教育的湿地公园；而人工型湿地公园则是指在城市或城市附近，通过恢复已经退化的湿地或人工修建湿地，并运用相关的生态学原理和湿地恢复技术，借鉴自然湿地生态系统进行规划设计而成的城市湿地公园。这类湿地公园除了能恢复和展示湿地生态系统过程，提供休闲及科普教育的功能外，有些还有明显的改善城市水体水质或净化处理城市污水的作用，如昆明五甲塘湿地公园、成都活水公园。从面积上来看，一般自然型湿地公园规模和面积比较大。

3.根据湿地公园的位置分类

根据城市湿地公园与城市的位置关系可以把湿地公园分为城中型湿地公园、近郊型湿地公园和远郊型湿地公园。而随着公园跟城市距离远近的变化，湿地公园发挥的生态效益、社会效益以及经济效益相应也表现出了强弱变化的特点。一般随着湿地公园跟城市距离的增加，湿地公园的社会属性逐渐减弱，而生态属性则逐渐增强。

4.根据湿地公园的建设目的分类

根据湿地公园建设的主要目的不同，可以把湿地公园分为展示型、仿生型、自然型、恢复型、污水净化型、环保休闲型湿地公园等。

（1）展示型湿地公园　该类湿地公园是通过模拟天然或自然湿地的外貌特征，结合生态学相关知识或技术，向游客展示完整湿地的功能，达到湿地科普教育的目的。

（2）仿生型湿地公园　通过对天然或自然湿地的形态及景观进行提炼模仿建设而成的湿地公园。该类型湿地不仅具有湿地外貌，同时，也有一定的湿地功能。

（3）自然型湿地公园　以自然、原始、野生状态的湿地风貌为主，没有过度的开发利用，经过适度的设计，可以供市民及游人进行限制性的参观及开展一定的游憩观光活动。

（4）恢复型湿地公园　该类型湿地公园往往是在湿地功能已经消失或正在逐步退化的原有湿地场所基础上，通过人工恢复重建，恢复一定的湿地功能，并具有湿地外貌。

（5）污水净化型湿地公园　该类型公园里的湿地具有明显的污水净化、改善水质的功能；可以帮助促进城市水资源循环利用，实现城市水资源的可持续利用。同时，这类型的湿地公园还是开展节水美德、生态知识等相关内容学习的科普教育场所。

（6）环保休闲型湿地公园　具有较突出的处理城市污染的作用，同时也是市民及游人观光休闲的重要活动场所。

除以上分类外，还可以根据湿地研究的需要对湿地公园从湿地资源状况、保护状态及生产用途等方面进行分类。

9.1.3　湿地公园性质与任务

湿地公园建设是以湿地生态环境保护、改善为主要目的，通过水循环系统规划、植物规划、生物栖息环境恢复营造等手段，创建具有传播、展示湿地生态文化、观光游览、科学研究等功能的生态型公园。

城
市
公
园
Planning and design
of City Park landscape
景观规划与设计

9.2 湿地公园规划设计

湿地公园整体规划设计应该体现以生态保护为重点、以生境修复为主、以人工重建为辅的理念。循序《城市湿地公园规划设计导则（试行）》的相关要求及场地特征，结合所在地的历史人文特征，经过整体规划，合理地确定生态保护区、生境修复区、观光游览区及服务区的范围界限。其总体规划与其他城市公园绿地一样，首先需要确定规划的指导思想和基本原则，确定公园的范围及功能分区，确定保护对象及保护措施，测定环境容量和游人容量，并合理规划游览方式及路线，设置游览活动内容。此外，还应确定管理、服务和科学工作设施规模，并提出与湿地公园建设、湿地管理或湿地科研教育相关的措施及建议。

9.2.1 湿地公园规划设计原则及要求

湿地公园规划设计重点主要包括两个方面，一是通过公园的规划设计，保护或恢复已经遭受破坏的湿地生态结构，充分发挥湿地生态系统的服务功能；二是在不破坏湿地生态环境的前提下，通过建设充分发挥湿地的景观观赏和文化教育价值，开展生态旅游和生态教育，丰富游人的休闲游憩活动。

湿地公园规划设计必须在国家有关规范要求、湿地有关规范要求如《公园设计规范》、《国家湿地公园建设规范》、《城市湿地公园规划设计导则（试行）》以及《城市绿地系统规划》的指导下，体现生态文化展示，科研、科普教育，游憩观光，生产等方面的要求。通过合理地规划设计，构建一个健康、安全、可持续发展的湿地生态环境。规划设计在遵循系统保护、合理利用与协调建设相结合原则的基础上，还应注意结合以下相关原则及要求：

1.系统性原则

系统性原则是城市湿地公园在规划设计时必须遵循的最基本原则。对城市湿地公园进行规划设计时，必须有系统性、完整性的概念，这包含两个层面的含义：从宏观层面来看，城市湿地公园是属于城市绿地系统的一个组成部分。因此，湿地公园在选址、规划建设时必须从城市绿地系统完整性的角度出发，准确定性、合理选址、明确建设范围以及合理规划设计。从城市生态系统的完整性和景观连续性的角度与城市绿地系统里的其他类型绿地取得有机联系。而从微观层面来看，城市湿地公园以湿地景观为主要特征，本身就是一个具有特性并相对独立的系统。该系统里的地形、地貌具有典型特征，湿地水体、湿地植物群落、开展湿地旅游的活动空间及设施。因此，在规划设计时，也必须从个性的角度考虑好每个湿地公园内部系统的构建，处理好地形、地貌以及湿地景观与其他元素的关系，构建一个健康、稳定的湿地生态系统。

2.生态原则

无论是自然型湿地公园还是人工型湿地公园，在规划设计时都必须遵循生态规划的原则。规划设计要因地制宜，合理充分利用原有湿地景观元素进行设计，这是保持湿地生态系统完整性的一个重要手段。同时在对湿地环境进行充分调研分析后，对原有的水体、植物、地形、地貌进行利用，更有利于构建稳定的湿地生态系统。

另外，湿地公园的建设应该为自然生态服务，减少对湿地环境的干扰和破坏；尊重自然，达到人与自然共生。在规划设计中，应以保护和合理利用湿地资源，保护、修复和构建湿地生态系统作为公园设计的重点。

3.可持续发展原则

需要以发展的眼光来对待湿地公园的规划与建设。在规划设计、建设及管理过程中，既要结合现状考虑目前湿地公园的建设需求；也要考虑未来在城市生态环境保护、城市居民使用等方面对湿地公园在资源、能源分配上，功能布局上的需求。

4.地方性原则

湿地公园的规划与建设应该与所在地的城市自然生态风貌和人文景观相结合。通过对当地的环境要素（地势、地形、地貌、植被条件）和人文景观要素（民俗文化、生活形态等）的精心设计与合理安排，创造一个具有地方特色的城市游憩空间，突出城市的资源和环境特色。

5.以人为本原则

湿地公园游览路线的组织、游憩活动及设施的布置，在符合湿地公园总体规划的要求下应该尽量满足人的兴趣和需要。通过规划建设，为市民和游人提供一个健康、安全、多样性的游憩空间。同时，可通过设置科普馆、科普中心、生态旅游活动等，作为游人进行科普教育、科学研究的基地。使人们在观光休闲的同时，获得湿地及生态方面的相关知识，提高对湿地的认识，增强环境保护的意识。

9.2.2　湿地公园规划设计程序

根据《城市湿地公园规划设计导则（试行）》的规定，湿地公园规划设计主要有以下几个步骤：

1.编制规划设计任务书

规划设计任务书是进行湿地公园规划设计的重要文件，其内容一般包括项目概况（区位环境、规模、范围）、规划设计原则与目标、规划设计的要求、规划设计各个阶段的设计内容与要求以及规划设计的实施安排等几个方面。

2.确定湿地公园规划范围及边界

城市湿地公园规划范围的确定应该根据城市地形地貌、水系、林地等因素综合确定，应尽可能地以水域为核心，将区域内影响湿地生态系统连续性和完整性的各种用地都纳入规划范围，特别是湿地周边的林地、草地、溪流、水体等。

湿地公园边界线的确定应以保持湿地生态系统的完整性以及与周边环境的连通性为原则，应尽量减轻城市建筑、道路等人为因素对湿地的不良影响，提倡在湿地周边增加植被缓冲地带，为更多的生物提供生活栖息的空间。

为了充分发挥湿地的综合效益，城市湿地公园应具有一定的规模，一般不应小于 20hm²。

3.基础资料调查与研究分析

基础资料调研在一般性城市公园规划设计调研内容的基础上，应着重于地形地貌、水文地质、土壤类型、气候条件、水资源总量、动植物资源等自然状况，城市经济与人口发展、土地利用、科研能力、管理水平等社会状况，以及湿地的演替、水体水质、污染物来源等环境状况方面。

4.规划论证

在城市湿地公园总体规划编制过程中，应组织风景园林、生态、湿地、生物等方面的专家针对规划设计成果的科学性与可行性进行评审论证工作。

5.设计程序

城市湿地公园设计工作，应在城市湿地公园总体规划的指导下进行，可以分为方案设计、初步设计、施工图设计三个阶段。

9.2.3 湿地公园规划设计要点

湿地公园规划设计应该注意景观美学与生态过程兼顾。在规划设计中，对场地地形、地貌的塑造，对水体的组织、植物的选择、景观小品及设施的采用，都要具有一定的景观美感，同时要能有利于湿地生态功能的运转。规划设计时，需要注意处理好湿地公园地块的整体形态设计。在尊重公园场地原有的地块格局、地块形状及生物分布格局的基础上，对湿地空间的组织，要随地形地貌的变化和功能区的划分做到收放有致。同时，尊重自然湿地地块的形态特点：水岸有凹凸变化，水系有曲水流觞线形，有水中岛屿的形态，有浅滩、深潭之分。在规划设计时，充分利用这些形态特征进行设计，为各种生物提供良好的栖息生活环境。同时，发挥湿地滞留泥沙、杂质以及蓄水防洪的作用。此外，对于湿地公园内的植物选择，从生态功能的角度进行考虑，植物种类的选择要有利于发挥湿地生态效益，改善水质、吸收污染物。同时，从视觉景观多样性的角度出发，植物的配置要有较好的立面及空间构图效果，通过形态、叶色、花色等的搭配取得优美的景观构图。从湿地公园纵断面的形态设计上，对湿地公园构成主次分明、高低错落，具有色彩、线条、姿态变化的形态美。

9.2.4 湿地公园分区规划

湿地公园的分区规划应该在场地本身的固有特征及地形地貌的基础上，根据功能安排进行规划。可分为湿地重点保护区、生态湿地展示区、观光游览区以及提供游客服务的管理服务区等功能分区。功能分区的组织布置应该结合公园的建设目标、立地条件等进行整体布局，充分发挥各功能分区的作用。

1.湿地重点保护区

湿地重点保护区一般设置在重要湿地或湿地生态系统较为完整、生物多样性丰富的区域，重点确保原有生态系统的完整性，保护原有的湿地植物群落及生物栖息环境；湿地重点保护区是湿地公园贯彻"保护为主"的设计理念的重要区域，以最小的人为干扰为前提，允许开展湿地相关科学研究、保护和视察等工作。

2.生态湿地展示区

生态湿地展示区重点展示湿地生态系统、生物多样性以及湿地景观的区域。该区可结合科普教育活动的开展，规划设计功能性的建筑及设施。可把生态湿地展示区设置在湿地重点保护区的外围，可作为湿地重点保护区的屏障，起到生态缓冲和保护的作用。

3.观光游览区

该区主要开展以湿地为主体的休闲、游览活动，可规划布置适宜的观光内容（如观赏鸟类）、游览方式、活动类型及游憩设施。如上海崇明西沙湿地公园规划布置有观赏鸟类、日出和远眺湿地风景的观光内容；同时为方便游客领略湿地风情，游览区内主要建设木栈道这种自然、纯朴符合湿地环境的游览道路形式。观光游览区一般选择在湿地敏感度相对较低的区域，以避免游览活动对湿地生态环境造成破坏。

4.管理服务区

管理服务区以提供游客服务为主，也可结合湿地展示宣传活动进行布置。相对其他功能区，该区内的人工建筑及构筑物，体量较大，同时存在短时间内人流量较大的情况，对环境的干扰及湿地整体环境的干扰较大，一般选择湿地生态系统敏感度相对较低、对湿地整体环境干扰比较小的区域进行设置。

除以上分区外，湿地公园具体分区还可根据场地的现状优势及条件，规划布置有特色的湿地植物观赏区、鸟禽类观赏区等。如厦门五缘湾湿地公园的红树林植物区、鸟类观赏岛。

9.2.5　湿地公园水系规划

水系规划是湿地公园规划设计的重点内容之一，在于实现水的自然循环。规划设计需要注意以下几个方面：

1）改善湿地地表水和地下水之间的联系，确保地表水和地下水能够相互补充。

2）从整体出发，做好排水和引水系统的调整，保证湿地水资源的合理利用。

3）规划设计好水体污染源的流向处理，在改善水质的同时营造多样的水体景观。如云南玉溪九溪湿地公园将从星云湖引入的劣质水，通过引水隧道先进入公园内东北角以植物塘和应急池为主的湿地部分处理后，再流入有植物塘、沙滤池、苗圃的西南湿地片区，水质得到改善，同时创造了良好的湿地景观。

在进行湿地公园水系规划时，对地表水的规划处理，应在整体考虑的基础上，尽量把不同形态的可见水体（溪流、水塘、水渠），贯通成完整的有机联系的湿地水域，从而促进整个可见水体的流动与更新。同时通过对不同形态的水体进行水生、湿生植物的搭配，可构建优美、丰富的水体景观（见图9-1）。

图9-1 昆明五甲塘湿地公园

此外，在对湿地水系进行规划时，同时要把湿地水岸的形式考虑在内。在湿地公园中，水岸区域及其环境往往是湿地生物种类比较丰富的栖息地。对水岸线的平面形态组织尽量避免采用笔直僵硬的驳岸形态，而是应该以自然流畅的形式为主。同时结合水岸驳岸形式的处理及植物的搭配，保持岸边景观与生态的多样性。常见的驳岸类型有自然原型驳岸、自然型驳岸和多种人工自然型驳岸。

9.2.6 湿地公园道路系统规划

湿地公园道路系统规划除了满足一般城市公园道路规划的基本要求外，还应结合湿地公园本身独特的性质进行考虑。规划可从保护、改造、利用三个层面考虑；结合功能需求，可分为主干道、次干道、游步道、简易步道等。

主干道联系入口与各个功能区，主要满足步行或者通行不会对湿地公园造成环境污染的交通工具。

次干道为景区内通往各景点的道路。

游步道和简易步道主要供游客游览通行；其中，游步道可以浮桥、木栈道为主要形式；简易步道可以是保留利用场地上原有的土路、小径。

为营造较好的游览路线，园路平面线形的设计以曲线为主，并结合地势的变化，处理好园路的坡度，为游人提供变化的观赏视点。另外，从保护园内安静的环境目标出发，减少对园区生态环境的干扰，园路规划应尽量利用原有的道路，并充分考虑与外部城市交通的联系，形成完善的道路系统。

结合湿地公园的性质，园路材料以自然或仿生材料为主，如木材、石材、石碎料、瓦等，路面形式以木栈道、块料路面、碎料路面为主，尽量减少整体路面（水泥混凝土路面和沥青混凝土路面）的数量（见图9-2）。

图9-2 昆明五甲塘湿地公园道路景观

9.2.7 湿地公园植物选择

1.湿地植物概述

湿地植物泛指生长在湿地环境中的植物。广义的湿地植物是指生长在沼泽地、湿原、泥炭地或者水深不超过6m的水域中的植物。狭义的湿地植物是指生长在水陆交汇处，土壤潮湿或者有浅层积水环境中的植物。从生长环境的差异看，分为水生植物、沼生植物和湿生植物三类生活环境类型。其中，水生植物因为生长迅速、管理容易、功能性较强等优点，在湿地公园中广泛应用。

2.湿地植物分类

（1）水生植物　根据生活方式的不同，可分为沉水植物、浮水植物、挺水植物等。

1）沉水植物。该种植物生长于水体较中心地带，整株植物沉在水下，如金鱼藻类、苦草类等。

2）浮水植物。包括浮叶型植物和飘浮型植物。浮叶型植物的根或根状茎一般生于泥中，植物的叶片浮于水面，如王莲、睡莲等。漂浮型植物的植物体漂浮于水面，根悬浮于水中，随水和波浪漂移在水面上，如凤眼莲。浮水型植物一般位于湿地水体较深的地方，多用作水景水面景观。

3）挺水植物。此类植物一般植株高大，植物的基部没于水中，茎、叶大部分挺出水面，如荷花、水葱、菖蒲等，其一般分布于湿地浅水处。

（2）沼生植物 此类植物位于滨水湿地边缘和陆地交接处，耐湿性突出，抗旱能力弱，其在空气、土壤水分饱和的状态，如季节性淹水、局部水淹下长势良好，不易在干旱的环境中生存，如水麦冬、美人蕉、马蹄莲、水莎草等。

（3）湿生植物 是指能耐短期水淹的陆生植物类型，耐水力强，如落羽杉、池杉、乌桕、枫杨、榉树、水杉、柳树和迎春等。

据湿地植物群落的研究，湿地植物群落包括由沉水植物、浮水植物、挺水植物、沼生植物和湿生植物共同组成的植物生态单元。

3.湿地植物的作用

（1）增加生物多样性 纵观生物多样性的众多理解，生物多样性指的是一定时间内在一定空间范围，不同的生物种类及其与生境形成的复合体以及由此产生的相关生态过程的总和，它包括三个层次即基因多样性、物种多样性和生态系统多样性。而随着人们对生物多样性研究的不断深入及认识的加深，目前对生物多样性的理解除了基因多样性、物种多样性和生态系统多样性三个层次外，有关学者及专家认为生物多样性还应包含景观多样性。湿地公园内通过选用不同的湿地植物种类及构建不同的植物群落，为多种生物包括飞禽、鱼类、微生物等提供了生活栖息地，增加了湿地内生物多样性之物种多样性、景观多样性，并由此引发湿地生态系统的复杂作用，发挥湿地生态作用。

（2）净化水质、改善水体 湿地植物除了能像一般绿色植物可以保持空气中的碳氧平衡外，其中的水生植物还可以通过其根茎叶吸收水里的有害物质，达到降低水中污染物质浓度，提高水质的目的。从水生植物到湿生植物，其各类型植物在湿地中所起的作用有所差异。在湿地浅水区种植挺水植物，主要是利用其茎和叶来减缓湿地水流速度和消除湍流，以达到过滤和沉淀污水中的砂粒和有机微粒的作用。浮水植物则主要是吸收去除溶于水中的有害物质，同时，其生长于水下的根及根状茎也能起到减缓湿地水流速度和消除湍流，以达到过滤和沉淀砂粒、有机微粒的作用；沉水植物整株植物沉在水下，其能充分利用植株的根、茎、叶直接从水中、湿地池底淤泥和沉积物中吸收营养物质，以达到去除污染物的目的。

除水生植物外，湿地植物群落中的耐水湿植物对水质净化也起着重要的作用，沼生植物通过根、茎、叶的吸收和过滤作用去除污染物，而湿生植物，其根、茎通过拦截、过滤和吸收等作用能对流向湿地的污水和雨水中的固体悬浮物和泥沙进行去除，同时，其根系对湿地驳岸也能起到固土的作用。除此之外，用于人工湿地的湿生和沼生植物种类从乔木到灌木，种类较多，对湿地驳岸景观具有很好的美化修饰效果；其能丰富湿地周边景观视线，增加水面层次，突出景观特色，通过与周围植物的搭配，选择具有一定观赏性的陆生耐水湿植物如枫香、柳树等，能营造优美的湿地区域景观。

（3）创建湿地植物景观 湿地公园中不同植物优美的形态、色彩及组合形式，构成湿地公园中一道亮丽的风景。而作为湿地公园重要组成部分的水生植物，根据种植区域的不同，又可营造出万千变化的优美景观。如湿地宽阔水面处大面积种植浮叶植物如睡莲、王莲，挺水植物荷花等，既可分割空间、增加水面层次，又创造了一种宁静优雅的水面景观如著名景点曲水荷香；湿地驳岸处，结合驳岸自然曲折的形态变化种植的湿地植物如香蒲、美人蕉、菖蒲、灯心草等，与驳岸一起构建了生机盎然的自然野景之趣。在湿地水岸区域，岸边乔木、灌木的形态搭配、色彩组合，可创建空间的横纵对比变化，又增加了岸边五彩缤纷的色彩景观。另外，水岸处植物形态的选择及种植形式的变化，可营造视觉上的树影婆娑之景，情感上的无限遐想，代表景点如杭州西湖的柳浪闻莺。此外，湿地植物在水中的倒影，也为湿地水域环境增添了一份不可或缺的美丽景观。

（4）加固驳岸 以水生植物为主的生态驳岸，植物在绿化、美化驳岸的同时，通过根系的扭结作用、根茎叶的拦截作用，可减少地面径流，防止水的侵蚀和冲刷，起到加固驳岸的作用。

9.2.8 湿地公园植物种植规划

湿地公园植物以湿地植物为主，同时包含一定的陆生植物。在进行植物种植规划时，应该从保护和改造两个方面进行考虑。在湿地生态保护区等现状植被层良好的区域，植物规划以保护为主，适当补种当地植被类型。对植被受到不同程度破坏的区域，应从植物群落结构的营建着手，补种乔木、灌木，并着重考虑水生、湿生植物群落的设计。如厦门五缘湾湿地公园在原有的地块上，对已有的植物群落以保护为主，并种植上台湾相思树、木槿、银合欢、睡莲、红树林等植物，构建形成一个具有地方特色的湿地公园植物景观。

湿地植物种植规划的重点在于构建健康、稳定的植物群落。湿地植物群落是湿地公园湿地景观呈现的一个关键部分，其不仅关系到湿地对水体的处理效果，而且影响到整个湿地区域的景观构成和生态环境效益。从净化效果和景观方面考虑，湿地植物的栽种配置应注意品种间的搭配应用，切忌配置单一品种，以避免出现功能单一和季节性的功能下降。在湿地植物设计时，应把整个景观作为一个整体来进行设计，除水生植物外，还要考虑湿地岸边植物的配置，注意岸缘乔灌木的搭配；从深水区向浅水区至岸缘，应根据环境条件和群落特性遵循由沉水植物→浮水植物→挺水植物→沼生植物→湿生植物的过渡配置原则，从水平空间和垂直空间合理地配置和构建湿地植物群落生态系统。

同时，湿地植物群落的构建应考虑季节性问题，注意选择生长周期长的水生植物，并注意常绿植物和落叶植物的搭配，尤其是要注意落叶树种的栽植，尽量减少湿地水域周边植物的代谢产物，以保证湿地系统整体达到最佳状态。另外，根据湿地区域景观的营造要求，湿地植物的种植设计应考虑四季景观搭配，做到四季有景可观。在湿地沿岸边缘带，应选用姿态优美的耐水湿植物如柳树、木芙蓉等，配以低矮灌木和高大的乔木形成乔灌草的搭配形式，运用美学原则创造出色彩丰富、高低错落的湿地植物群落景观。在种植设计中，应结合自然规律，植物生态型从陆生的乔灌草向湿地植物、沼生植物、水生植物过渡。即从湿地水域中央到水边可构建沉水群落→浮水植物群落→浮叶植物群落→挺水植物群落→湿生植物群落→耐水湿乔灌草植物群落的模式（见图9-3）。

图9-3　昆明五甲塘湿地公园局部植物景观

　　而在湿地公园陆地部分，植物群落构建应根据种植区域的地块特点以陆生植物群落为主，种植设计时应尽量选用当地乡土树种，构建乔木+灌木+地被+草坪的复层结构。此外，由于湿地公园的特殊性比如污水净化型的湿地公园，在植物种植规划时，植物的选择尤其是水生植物的选择，应选择吸收污染物质较强、净化效果较好的植物。

9.2.9　湿地公园建筑及主要设施小品规划

　　湿地公园根据需要可布置少量的功能性和服务性的建筑及构筑物，包括景观附属设施及小品等。其中功能性、服务性建筑主要有湿地文化展示馆、游客服务中心、停车场、设备房、值班岗亭、厕所等；景观设施及小品主要有各类木桥、石桥、竹桥、木亭、木平台、景观木廊架等。

　　湿地公园建筑及设施应根据公园的整体性质采用简洁质朴的形式，并结合其本身的功能及性质合理选址布置。在生态湿地展示区，可在展示区中心或重点地段设置功能性建筑——湿地文化展示馆；此外局部区域景观优美之处设置少量的观景建筑、构筑物，如木平台、湿地栈桥等；在观光游览区，可结合游览活动的类型及特点，规划布置各种观景设施，如在游览路线所到达的水面狭窄处，可设置木桥、石桥、竹桥等类型。在宽阔水面处，结合水面游览活动的开展，可设置临水木平台、游船码头等。建筑及主要设施的材料选择尽量避免采用规则、僵硬、冰冷的钢筋及混凝土等，应以自然朴素的材质为主，如竹质、木质，以跟湿地公园所创建的自然、野趣氛围相呼应（见图9-4）。

图9-4　昆明五甲塘湿地公园建筑及设施局部景观

9.3 案例分析

9.3.1 杭州西溪国家湿地公园

杭州西溪国家湿地公园位于杭州市西部，东起紫金港路绿化带，西到北绕城公路绿化带，南到天目山路，北到文二西路；总面积约为10.08hm²；是罕见的城市次生湿地。这里生态资源丰富，湿地类型多样，有鱼塘、河、湖、沼泽相间的湿地类型，区内水域面积约占70%。整个园区六条河流纵横交错，其间分布着众多的港汊和鱼鳞状鱼塘，形成了西溪独特的湿地景致。里面的原生植被类型为亚热带山地间的沼泽—常绿—落叶阔叶混交林，乔木层、灌木层和草本层生长茂盛，种类丰富；是大量鸟类、鱼类的栖息地，并有许多特殊物种。生态资源丰富、风景优美，曾与西湖、西泠并称为杭州"三西"；此外，这里文化积淀深厚，很多文人墨客曾经在这个地方留下了他们的印迹，具有科学保护和合理利用的巨大价值。该公园是目前我国第一个集城市湿地、农耕湿地、文化湿地于一体的首个国家级湿地公园（见图9-5）。

图9-5 西溪国家湿地公园景点分布图

规划设计在"生态优先、保护第一、注重文化、以人为本和可持续发展"的指导思想下，将西溪湿地划分为生态保护培育区、民俗文化游览区、秋雪庵保护区、曲水庵保护区和湿地自然景观保护区五个功能区。生态保护培育区对现有的池塘、湖泊、林地以及植被进行保护培育；民俗文化游览区以开展西溪民俗文化游览活动为主。秋雪庵保护区、曲水庵保护区主要以西溪的历史文化进行保护和修复，设有著名的秋雪庵、烟水庵、烟水鱼庄等景点。自然群落保护区通过对湿地植物生态群落的构建，成为展示植物群落的重点空间。

通过对水系、道路、建筑等进行合理地布局，对西溪湿地的水体、地貌、动植物资源、民俗风物、历史文化等较好地进行了保护和恢复，也为市民及游人提供了一个休闲观光的好去处，是湿地保护与利用方面的一个典范。

9.3.2　厦门五缘湾湿地公园

1.公园概况

五缘湾片区是厦门未来的开发热土，是集居住、休闲、度假、商务办公为一体的未来高尚多功能和厦门的次中心。五缘湾湿地公园是目前厦门岛内最大的主题生态公园，位于厦门市五缘湾片区南部，全园南北长约为3km，东西宽约为0.5km（见图9-6和图9-7）。

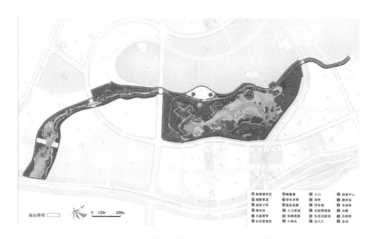

图9-6　厦门五缘湾湿地公园平面图

图9-7　厦门五缘湾湿地公园鸟瞰图

2.用地现状

公园用地范围内地势平坦，标高在0~12m之间，东南地势较高，中部及北部地势较低，经整体规划调整后总占地面积为92.3028万m²。其中一期已建的为12.7412万m²；二期在建总占地为24.1950万m²；二期主题景观项目总用地面积约为55.3666万m²，其中上游景区部分为22.2172万m²，下游景区部分为33.1494万m²。

原地块存在以下几个问题：

1）植被单一。原有树种为木麻黄、朴树林和果林，植物生态系统脆弱。

2）水体污染严重。本地有一些砖厂、电镀厂、村庄和农田，很多工厂废水、居民生活污水以及农药化肥残留物直接排放到湿地中，导致水体污染严重。

3）水体盐碱度高。由于地处海边，海水涨潮的时候产生倒灌，导致湿地内的水含盐量偏高。

4）地域文化载体薄弱。

3.规划原则

根据《城市湿地公园规划设计导则（试行）》及现场特点，结合五缘湾总体规划及厦门本地特色人文，湿地公园的设计遵循以生态保护为重点，以修复为主、重建为辅的理念。公园以水体、绿地为主，兼设少量的功能和服务性的建筑及构筑物，以满足一定的休闲、科普、游览功能。

4.功能分区

根据实地情况，公园总体划分出了五个分区：

1）以原生态保护为重点的核心无人保护区，主要是为鸟类提供一个安全完整的活动空间（见图9-8）。

图9-8 核心无人保护区

2）以修复和保护为主的核心外围保育区（见图9-9）。

3）以游览、旅游、休闲、度假为主的生态游憩区（见图9-10）。

4）以娱乐、科普、展示、生态净化为主的生态湿地游览区（见图9-11）。

5）以提供游客服务和湿地展示宣传的游客服务区（见图9-12）。

图9-9　核心外围保育区

图9-10　生态游憩区

图9-11　生态湿地游览区

图9-12　游客服务区

5.生态改善规划

通过水体的整治和植物的补充种植，改善湿地公园的生态环境，吸引更多的鸟类及其他生物，改善湿地生态的多样性，同时适当结合一定的休闲服务设施，为人们提供一个认识湿地、了解湿地、宣传湿地，热爱自然、亲近自然、回归自然的场所。

（1）水体的修复　根据五缘湾湿地公园地形、地势、污染源分布特点、水文特征，结合公园整体设计规划及建设成自然生态系统公园的要求，采用微生物净化、人工浮岛净化、生物栅、增氧推流、复合滤床处理、人工湿地等生态修复技术措施，通过多个污染点逐步改善、修复、重建，最终实现水质改善。如设计制造了总面积达到1000m^{2}的125个花瓣型人工浮岛，分散性固定在水系湖区；在湿地公园东侧，还结合迷宫景观，设置了一个面积为2400m^{2}的人工湿地。通过水生植物根部的吸收、吸附和根际微生物对污染物的分解、矿化以及植物化感作用，削减水体中的氮、磷等营养盐和有机物，抑制藻类生长，净化水质，恢复洁净好氧湖泊生态系统（见图9-13）。

图9-13　五缘湾湿地公园水体景观

（2）植物的修复　植物品种的选择上，在保护原有植物的基础上，以乡土树种为主，补种一些适合湿地生长的植物，如水生植物、临水植物以及耐盐碱植物等，同时在关键位置适当增加观赏性植物；在植物群落上尽量做到层次丰富，植物品种多样，完善植物整体生态功能（见图9-14）。

图9-14　五缘湾湿地公园植物景观

通过植物修复规划，已形成不同专类的植物分区，有水生植物区、木麻黄林保护区、朴树林保育区、诱鸟植物区、开花植物区等，目前湿地公园植物群落已基本成型，植物品种多样。同时，利用昆虫、鸟类、风力、流水等自然力量带来更丰富的植物资源，形成具有自我更新能力的湿地生态群落。

（3）鸟类多样性的保护　五缘湾周边地块目前已经进行了较大规模的房地产开发，但是由于建立了湿地公园，鸟类的种群数量并没有明显减少，从2007年至2010年，已观测记录到的鸟的种类超过100种。对照原五缘湾区域生态修复前的鸟类资源本底调查（9科25种湿地水鸟和17科29种山林和农田鸟类），可以说明五缘湾海岸湿地鸟类多样性得到了保护。

（4）护岸的营造　在保持原有曲折的河岸线基础上，采用植被生态护岸。主要采用乔灌混植以及各种水生植物的组合搭配，从水生植物向陆生植物延续，利用植物舒展而发达的根系稳固堤岸，完美地将护岸与大自然融为一体（见图9-15）。

图9-15　五缘湾湿地公园护岸处理

6.建筑设计

主要的建筑及构筑物有度假用的鹭鸣楼和鹭翔楼；客服和科普用的游客服务中心、湿地展示馆；兼具生态净化功能性和娱乐、科普、展示为一体的生态净化池（水上迷宫）；还有一些入口门房、厕所、值班岗亭、各类型小服务房、小木屋、设备房等（见图9-16）。

图9-16　五缘湾湿地公园的建筑

7.旅游休闲设施规划

根据需要，公园布置了一些园路、木栈道、生态净化池、鸟巢和服务房，以及各类木桥、石桥、竹桥、吊桥、浮桥、栈桥、拱桥、古建亭、仿古亭、木亭、竹亭、木平台、木廊架等各类景观附属设施及小品。

在材料选择上采用风格统一、易融于环境的天然材料，如木材、石材等，同时造型设计上贯彻了生态节能的理念，在符合现代审美要求的基础上尽量减少能源消耗（见图9-17）。

图9-17 五缘湾湿地公园的休闲设施

8.文化多样性的保护

湿地公园内原先存在着一些庙宇，通过修缮和改建，更好地发挥了其庙宇文化，给公园营造了文化氛围。同时随着湿地的建设完善，各种湿地相关的文化活动也相继开展，满足湿地文化的多样性。经过湿地公园建设，五缘湾已成为厦门市市民的又一旅游休闲观光热点、科普教育基地。同时也是厦门市政府的重要接待场所之一。

（本方案由厦门瀚卓路桥景观艺术有限公司提供）。

第10章

TIYUGONGYUAN

体育公园

10.1 体育公园的相关概念

10.1.1 体育公园定义

关于体育公园的定义，郑强、卢圣在编著的《城市园林绿地规划》中提到体育公园是以体育运动为主题的公园；赵建民在《园林规划设计》中指出体育公园是供市民开展体育活动、锻炼身体素质的公园；胡长龙则认为体育公园是供市民开展群众体育活动的公园；建设部城建司编著的《城市公园规划设计规范》中提到体育公园是以开展体育活动为主的公园；《风景园林设计资料集》中则将体育公园定义为在大面积园林绿地中，设置体育场馆，以及文教、服务建筑，供市民进行体育锻炼、游览休憩、或供体育竞技比赛活动的专类公园。

根据国家建设部城建司1994年印发的《全国城市公园情况表》和有关资料的定义，我国体育公园的概念为：以突出开展体育活动，如游泳、划船、球类、体操等为主的公园，并具有较多体育活动场地。

10.1.2 奥林匹克与体育公园

现代奥林匹克之父皮埃尔·德·顾拜旦（见图10-1）在《奥林匹克宪章》中强调："奥林匹克主义是将身、心和精神方面的各种品质均衡地结合起来并使之得到提高的一种人生哲学。"在奥林匹克精神的影响下，人民对体育的爱好空前高涨，促进了大众体育的发展。体育公园在这样的前提下出现是必然的，它超越了一般公园的功能，将绿地和运动有机结合，供人们进行体育休闲活动，起到增强体质、愉悦心情、防治疾病的作用。

图10-1　皮埃尔·德·顾拜旦

10.2 体育公园分类

10.2.1 根据服务范围分类

1.社区级体育公园

服务对象是社区及周边区域的居民，具有一定数量的体育活动设施，可举行区级、市级等体育赛事，如北京市的方庄体育公园。

2.市级综合性体育公园

主要为全市市民服务，占地面积和服务半径较大。公园内体育设施及户外活动设施较

城市公园 景观规划与设计
Planning and design
of City Park landscape

完善，可承接大型的体育赛事和表演。大城市根据实际情况可设置若干个市级综合性体育公园，中等城市可设置1~2个，如西安城市运动公园、杭州城北体育公园等。

10.2.2　按来源分类

1.为承接大型赛事而修建的体育公园

该类公园为运动员提供了比赛环境，赛后对居民开放。由于要承接大型的运动赛事，因此面积都相对较大，设施较为齐全。例如为举办2008年北京奥林匹克运动会而建设的奥林匹克公园；为举办第六届全国城市运动会而建设的武汉塔子湖体育公园等。

2.直接由体育中心改造而成的体育公园

几乎我国每个城市都有自己的体育馆或者体育中心，而由其改造而成的体育公园较为多见。例如广州天河体育公园、厦门体育中心等。

3.专门为大众体育活动服务而建设的体育公园

该类公园主要是为大众提供运动、休闲、健身的场所，同时也可以兼顾一些比赛，如北京清河体育文化公园、广东省佛山市南海全民健身体育公园等。

10.2.3　按主题分类

1.以沙漠体育运动项目为主题

沙漠体育运动是以沙漠为载体，由常规体育运动衍变而来，可在沙漠上跑、跳、踢、打，是集刺激性、惊险性、趣味性、休闲性于一体的新兴体育运动。如宁夏陶乐县的大漠体育公园，游客可在沙漠上开展沙漠滑翔伞、越野摩托车赛、沙滩排球等体育项目。

2.以水上项目为主题

这是在中国比较常见的一类主题公园，通常结合水进行各种体育活动的开展，有游泳、滑水、划船、摩托艇等，如厦门观音山水上乐园。

3.以森林项目为主题

主要可开展户外攀岩、森林越野卡丁车、空中探险迷宫、越野山地自行车、森林攀爬等体育休闲项目，如重庆素有天然大氧吧美誉的歌乐山森林体育公园。

4.以海滩项目为主题

此类公园位于沿海地区，一般选取保护良好、环境优异的海滩来开展冲浪、沙滩排球、沙滩摩托等体育活动，如广西的北海银滩体育公园。

5.以山地休闲项目为主题

是集自然、生态、运动于一体的体育主题公园，以山地自然景观与专业体育运动设施相结合，集聚了"体育"和"公园"两大功能。如深圳市仙桐体育公园，位于梧桐山国家级风景名胜区南麓，已经建成了专业规范的羽毛球场、乒乓球场、足球场、网球场、篮球场及攀岩设施。

6.以综合性项目多为主题

集健身、竞赛、娱乐、商业于一体的综合性体育公园，可以开展篮球、门球、网球、青少年足球、儿童自行车运动等项目,如广州奥林匹克(体育)公园、武汉体育中心。

10.3　体育公园的功能

体育公园集体育锻炼、休闲娱乐与生态环境改善等功能为一体,能有效提高城市空间的利用率,并推动居民生活质量的改善。它具有以下几个功能。

10.3.1　社会功能

优美的自然环境令人心旷神怡、身心愉快,积极的体育锻炼有助于人们缓解工作压力、强健体魄、拓展交际和增进情感交流。因此,体育公园的出现正适合现代大城市的需求。它超越了一般公园的功能,有机地结合了绿地与运动,同时也为市民提供更多的参与体育活动的机会。

体育公园的建设重新配置了城市、社区的体育资源,盘活现有的体育设施,不断吸引更多的人来参加健身活动,客观上减少了社会不安定因素的发生。同时体育公园是城市体育文化的重要载体,在塑造城市形象与表达城市文化方面,起着不可或缺的作用(见图10-2)。

图10-2　艺术雕塑展现体育文化

10.3.2　经济功能

通过体育公园的建设可以对城市体育产业、体育场所进行重新整合,加强城市资源的有效利用,促进城市功能的提升,从而带动周边地区的吸引力,发挥集聚效益和规模效益,成为城市经济新的增长点。

10.3.3　生态功能

体育公园的兴建改善了城市生态环境,缩小了基础设施与环境保护的差距。同时体育公园与其他公园绿地相互融合,不断完善城市绿地系统的建设。体育公园的本质是绿色空间,这样的空间空气清新,氧气充足,无污染、无噪声、无干扰,能使人心理上有种特殊的快慰。

10.4　体育公园的发展历程

10.4.1　体育公园的起源

自古以来，体育活动与绿化就有着密切的关系。古希腊人认为：只有在自然环境中进行体育锻炼，对人的智慧和身体发育才能产生有益的作用和影响。早期，人们将运动场地建在大片绿地附近或直接建在草地上，后来逐渐发展到从建筑密集的城市中心划出一小块土地，设置体育运动设施，供居民在自然环境中进行户外游憩。

现代体育公园的概念是国际上20世纪90年代提出的，而实际上发达国家在三四十年代就已经开始尝试建设体育公园，并在欧洲形成了一定的规模。

10.4.2　体育公园在现代城市中的发展

由于城市的建筑密度较高，土地利用有限，许多城市的绿地覆盖率比较低。同样，不容忽视的是，居民户外体育活动场所也是相当的紧缺。在相对有限的城市用地中，体育公园的建设将绿地与体育活动场所有机地融为一体，既创造出优美而内涵丰富的环境，使人们在优雅的环境之中运动，又节约了城市用地，因此已在很多地方都得到了推广。

上海市闵行区环城体育公园是上海市正在兴建的第一个体育休闲公园，位于上海外环线环城绿带上，面积达900亩（1亩=666.67m²），是集丰富的自然景观、体育活动和生态健身为一体的主题公园。设计突出体育公园的特色，将运动休闲融于独特的环境景观之中。

公园划分出自然休闲区、体育活动区和生态健身区。自然休闲区是公园的主景区，以自然景观为主，开阔的草坪、宽广的湖面，四周密林环抱，景色宜人，是人们度假休闲的理想去处；生态健身区为市民提供了健身的生态环境，在可以自由出入的草地上为游人精心修筑散步林荫道和小路网。

在自然景观的营造方面，公园利用了基地原有的低洼地和河流灌溉系统，营造了一个面积近100亩的人工湖，将挖出的湖泥堆积在闵行原先的"垃圾山"上，种上树木，形成全园中10余米高的制高点。此外，通过棕榈植物园、湿地植物园与色叶植物园的有机组合，形成了生机勃勃的植物景观，表达了设计与自然相融的理念（见图10-3）。

图10-3　上海闵行环城体育公园

10.5 体育公园总体规划设计

10.5.1 规划设计理念

1.营造舒适的活动环境

无锡体育公园总面积为11万多平方米，建有游泳综合馆、体育馆、田径场、足球场、儿童活动区、门球场、网球场、体育器械锻炼区等。所有场馆全部向社会开放，每年有近百万人次的市民到体育公园健身、休闲。

公园拥有成片的绿地，绿化率达44.5%，让群众在宽松的绿色环境中健身休闲。同时，公园被纳入了环城古运河风貌带的建设范围，与古运河风貌带相映衬，将生态景观、休闲游憩、运动健身紧密结合。无锡体育公园营造了优美的活动环境，创造出别具特色的风景画面，使休闲健身的市民产生愉悦放松的心情（见图10-4）。

图10-4 无锡体育公园一隅

2.提供一流的场地设施

杜勒斯体育公园每年被高尔夫系列杂志评选为北美高尔夫练习场前百强。当地许多著名企业如美国上线公司、通用动力、斯普林特等都选择杜勒斯体育公园组织年度公司野餐、员工郊游和团队建设等。公园致力于为人们提供全年开放的一流家庭娱乐中心和高尔夫练习设施。

大联盟理想体育公园，拥有最为知名的棒球或垒球场。其设计均仿造著名的历史性联赛场地，如芝加哥里格利广场和纽约的扬基体育场等，被发展协会公认为"美国最好最新的综合体育设施"。公园旨在提供各类世界一流的业余休闲运动设施。

3.提供全方位的服务

深圳福田体育公园是一站式的集文化、体育、群众休闲活动、文体培训等为一体全方位的公益性场所。占地6.3万m²，总建筑面积10余万平方米，分为综合体育馆、室外灯光体育场、室内恒温游泳馆及综合大楼四大主体建筑。可举办各类型的体育比赛、趣味运动会、颁奖表彰大会、演讲会议和新品上市等活动。其包括的相关配套设施如商业文化街、运动用品超市给客人提供了更多的休闲选择（见图10-5）。

图10-5 深圳福田体育公园鸟瞰

4.满足不同的需要

体育公园可满足如下不同的群体要求：注重孩子的全面发展和人格建立，培养他们积极的生活态度；为年轻人提供学习和锻炼的机会，培育社区气氛、认识自我价值、发展智力水平和培养领导能力；通过娱乐活动和体育参与，增强家庭观念，通过身体、情感和精神的交流，融洽家庭成员之间的关系；为本地体育组织和个人提供安全而愉快的运动体验；促进团队合作和身体健康；增强社区自豪感和环保意识，争取最大的社会平衡和提供全面的良好服务。

重庆市江北区石子山体育公园是集竞技体育训练和赛事活动、全民健身、文化、娱乐为一体的开放式、多功能、生态休闲体育公园，是重庆市民个人健身、参与观看体育比赛的理想场所。公园包括全民健身活动中心、残疾人活动中心及残疾人体育馆、巾帼体育活动中心、高尔夫练习场等各类体育场馆10余座。其中，残疾人活动中心及残疾人体育馆专为残疾人量身定做，让他们也能在绿色环境中充分享受健身的乐趣（见图10-6）。

图10-6　重庆市江北石子山体育公园的门球场和田径场

10.5.2　园址的选择

1）体育公园的性质决定了选址时应该尽量选择地域开阔、植被条件好、环境优良、空气质量好，并具有地域特色的区域；同时应避开工厂、医院、机场、市场和火车站等有安全隐患和噪声污染的区域。

2）体育公园选址要符合城市总体规划要求，与城市发展方向一致，尽量利用周边配套的市政设施，带动周边地带的发展；要考虑城市的长远发展需求，能为将来的发展保留扩建的余地。

3）体育公园选址要考虑城市人口的分布，城市交通的承受能力，距离适中，以方便群众。

瑞士苏黎世州有独特的体育公园中心系统。设计师在有限的城市用地上集中建造了很多设施和装置：选择在乔灌木之间开阔的林中空地上建造了体操场、体操馆；在草坪和硬质地面上建造了游戏场、游泳设施和文化教育设施，包括展览馆、音乐厅和游艺馆等。在各分区和各场地间，合理配置的绿化与巧妙利用自然地形相结合，不但使各区，而且使公园与周围城市用地间形成良好的隔离。

10.5.3　绿化景观设计

体育公园的绿化应为创造良好的体育锻炼环境而服务，根据不同的功能分区进行植物种植设计，做到简单、生态，并具有较好的隔离效果。

1）公园出入口的绿化设计应简洁明快，可以结合场地情况，设置花坛和草坪。在色彩配置上，应强调强烈的运动感，采用互补色的搭配，创造欢快、轻松的气氛。

2）体育建筑的周围应该种植乔木或灌木，与建筑相呼应，在建筑出入口处留有足够的空间，方便游人的出入。

图10-7　网球场周边的植物种植

3）体育场面积较大，一般在场内铺设耐践踏的草坪，在周围可适当种植一些大型乔木，以供遮阴纳凉。

在植物的选择上要有所侧重：

第一，选择具有良好观赏价值和较强适应性的树种。为了便于养护管理，应尽量少用易落叶、易发生种子飞扬、不利于场地或游泳池清洁卫生的树种（见图10-7）。

第二，选择具有杀菌、提神等作用的植物品种以突出体育公园健康的主题。可供选择的植物有含笑、桂花、玉兰、枫香、乌桕、栾树、紫薇、青皮竹、大叶栎、刺槐、鹅掌楸等。

10.5.4　场地设施设计

在体育公园的规划设计中，场地设施是最重要的组成部分，是用以区别其他类型公园的最主要元素。常见的场地设施有以下几种：

1.体育性场地设施

体育性场地设施主要提供人们开展体育活动的场所。按其活动项目，又可分为综合类、球类、赛车类、射击类和冰雪类等。

综合类场地设施主要有田径场、撑杆跳高区、跳远区、三级跳区、铅球区、铁饼区、标枪区、游泳池、跑道、体育馆、训练室等。

球类场地设施主要用于开展足球、橄榄球、篮球、排球、高尔夫球和棒球等运动项目。

赛车类场地设施主要有赛车、赛道、越野路径等。

射击类场地设施主要有靶场、飞碟射击场、露天射靶、摇摆飞靶等。

冰雪类场地设施主要有滑雪区、滑雪道、内胎滑雪圈、溜冰场、雪橇和滑板等。

2.休闲性场地设施

休闲性场地设施主要便于人们修身养性，达到休息和恢复体力的目的，如休闲亭、草坪、林中小径、露台、露营区、喷泉区、餐厅、酒吧、咖啡馆、烧烤室、野餐区、酒店和招待所等（见图10-8和图10-9）。

图10-8　休闲亭　　　　　　　　　图10-9　露营区

3.娱乐性场地设施

娱乐性场地设施主要给人们提供惊险、刺激和乐趣，如游乐场、冒险园、电子游戏室、充气玩具区、三维迷宫、水上公园、攀岩墙、独木桥、攀爬架、滑滑梯、秋千架和碰碰车等（见图10-10、图10-11和图10-12）。

图10-10　滑滑梯　　　　　　　　　图10-11　游乐场

图10-12　碰碰车

10.6　案例分析：厦门园博园——杏林体育公园

10.6.1　项目背景

厦门园博园——杏林体育公园位于厦门岛外集美杏林湾片区中部、园博园的北端。项目用地约为16hm²，其中有标准田径场、游泳池、戏水池、配套建筑、半地下车库、室外网球场、室外篮球场、室外门球场、极限运动场及其相关体育园林景观（见图10-13）。

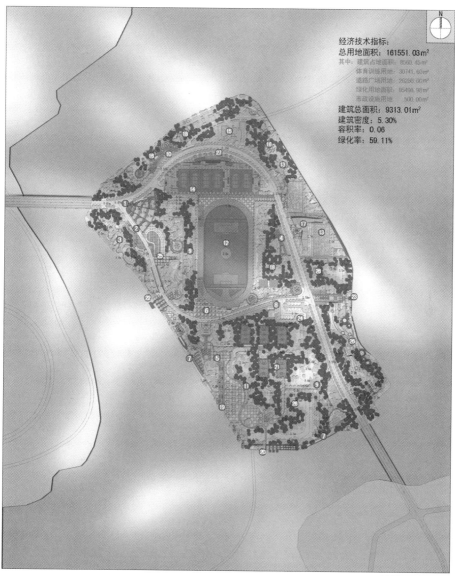

经济技术指标：
总用地面积：161551.03m²
其中：建筑占地面积：8560.45m²
　　　体育训练用地：30741.60m²
　　　道路广场用地：26250.00m²
　　　绿化用地面积：95498.98m²
　　　市政设施用地：500.00m²
建筑总面积：9313.01m²
建筑密度：5.30%
容积率：0.06
绿化率：59.11%

总平面布置图

1	园区入口	7	环岛步行道	13	游泳池、戏水池	19	观景台	25	中巴停靠站
2	园区新增车行道	8	特色水景	14	网球场	20	滨水栈道	26	预留地绿化
3	西方民间传统体育展示	9	园区步行道	15	极限运动场	21	攀岩区、趣味运动区	27	地下停车场
4	东方民间传统体育展示	10	极限运动场入口	16	室外篮球场	22	水上观光码头		
5	体育文化综合展示	11	休闲小广场	17	水上运动区管理房	23	水上运动码头		
6	树阵小广场	12	田径场	18	极限运动区管理房	24	室外停车场		

图10-13　杏林体育公园总平面图

10.6.2　现状分析

1）现状地形较为平坦，地面平均标高约为2m。园博园二号路贯穿本岛，路宽为9m，

道路现状标高约为3m。

2）岸线已经修筑完毕，标高约为1.5~2.0m，岸边视野开阔，月光环和杏林阁清晰可见。

3）澄明桥桥头与周边场地的高差约为3m，意远桥桥头与周边场地的高差约为5m，现状路基与周边场地的高差约为0.9m。

10.6.3　设计理念、主题、定位、原则

1.设计理念

1）弘扬奥运精神，倡导全民健身。

2）以体育为线索，以园林为载体，营造时尚景观空间。

3）集运动、展示、交流、休闲为一体，注重参与和体验。

2.设计主题

1）体育导航、绿色随行、文化相伴。

2）"体育"讲求刚柔并济，追求速度、力量、技巧的完美结合，可强身健体，益民利国。

3）"文化"是强心剂、锥骨针，让人在运动中汲取知识从而获得精神升华。

4）"绿色"是生活的原色，和平的象征，生态的表征，是活力迸发的前提，是激情涌现的基础，是搭建体育和文化的自然桥梁。

3.设计定位

1）以大众运动、全民健身为主的开放性活动基地。

2）体育旅游休闲和体育文化展示基地。

3）体育训练和体育交流基地。

4）趣味活动、极限运动和水上运动基地。

4.设计原则

（1）人性化原则　人是运动的主体，所有的设计应基于人的需求来进行，设计大众化才能达到"设计虽源于生活却高于生活"的境界。

（2）生态性原则　设计并不是主体对客体的肆意破坏，应当充分尊重客体，从而使得客体具有可持续发展的空间和时间。

（3）统一性原则　任何事物都是对立统一的综合体，设计应当达到物我一体的高度。

（4）简约性原则　遵循时尚的设计思路，简约而不简单。

（5）参与性原则　注重功能性设计，引导大众现身体验。

10.6.4　规划设计

1.景观功能分区

景观设计相关内容根据规划场地状况合理布局，追求移步换景、空间转换、区域渗透的景观效果，充分利用借景、对景、框景等园林表现手法，并注重抽象设计和具体设计的

结合，同时在对比中寻求统一，在统一中寻求变化；努力做到设计简约不简单，挖掘体育文化所蕴涵的深刻内涵，从而达到寓教与人，让人们在运动中也能体验到体育文化的博大精深和精神力量。

（1）主入口区景观 本区为全园的开山之笔，大面积的硬地景观彰显大气动感之美，大型雕塑高约为5.5m，气势磅礴，辅之以特色花坛、造型乔木，整个氛围刚柔并济，花坛上刻有文字介绍，在园林铺装上局部装饰，彰显气氛（见图10-14）。

图10-14　杏林体育公园主入口

（2）东方民间传统体育展示区 东方民间传统体育有两层意思，一是"东方"，泛指中国；二是"民间传统"，就是中国喜闻乐见、妇孺皆知、老少咸宜，同时既能强身健体，又能愉悦身心的体育运动。由于中国古代体育运动形式多样，有些经过发展已经成为现代体育，并成为奥运项目，这里所指的东方传统体育特指那些没有进入奥运范畴的运动项目。

设计有大型序列浮雕墙（18.5m×2.5m），通过大面积的花岗岩展现中华体育的悠久历史和灿烂文化，这种展示形式既体现传统的艺术表现手法，又能给人历史的厚重感；景墙由钢混结构和花岗岩组合而成，采用干挂形式固定浮雕或影雕等；园林铺装设计有地刻等艺术类作品（见图10-15）。

作为具有数千年文化发展历史的中国古代体育，随着时代的变迁、文化的发展以及自然环境的变化，在不同的历史时期还出现了许多具有地域和民俗时令特点的民俗民间体育形式，包括龙舟竞渡、拔河、秋千、高跷、放风筝、跑旱船、舞龙以及踢毽子等。这些通过民俗节令而发展起来的体育活动形式，由于它形成的历史背景和环境的影响，使其具有了较强的生命力，并逐渐地成为各个民族喜爱的体育活动形式（见图10-16）。具体如下：

图10-15　杏林体育公园东方传统体育展示区一

图10-16　杏林体育公园东方传统体育展示区二

1）脱胎于生产实践活动和军事战斗技能的体育活动形式，如御术等。

2）以技击和保健为特色的武术与养生活动，如武艺武术、角抵与相扑以及保健养生活动等。

3）具有娱乐特色的球类运动，如马球等。

4）体现益智特点的盘上棋类游戏，如围棋、象棋和六博等。

（3）西方民间传统体育展示区　西方民间传统体育是泛指中国之外的体育运动形式没有进入奥运范畴的运动项目。

本区通过微地形景观烘托氛围，有适当面积的硬地景观作为点缀，特色的廊架和坐凳可为人们提供休息的场所，特色花坛丰富了场地景观。同时小雕塑和地刻使得整个氛围更加丰腴而饱满，不失文化气息。

（4）奥林匹克运动展示区　公园不仅要突出绿色主题，更要深层次地挖掘体育运动的深刻内涵，从而凸显本公园的文化亮点，让人们在忘情于运动健身之中时也能收获相关知识，强身又健脑，活络又舒心。

本区有五大块内容：

1）奥运项目展示。以铜雕的形式展示奥运项目，共28个大项，分散分布到各个展示区。

2）奥运会象征性标志展示。通过硬地展示空间，同时设计有两面钢构景墙，以镂空的形式细腻地刻画奥林匹克标志、格言、奥运会会旗、会歌、会徽、奖牌、吉祥物等特色标志。这些标志有着丰富的文化含义，形象地体现了奥林匹克理想的价值取向和文化内涵（见图10-17）。

图10-17　杏林体育公园奥林匹克运动展示区

3）奥林匹克运动会简介。以小广场和简单小品结合，营造一定的场地空间，吸引游客驻足了解奥林匹克运动会的起源、创始人、历史沿革及赛制等知识。

4）史上奥运城市。通过水景和景观柱廊进行展示，水的柔和柱的刚相映成趣，表达奥运城市的荣耀。

5）中国与奥运。中国与奥运的展示设计在树阵广场之中，通过一面形似由多面旗帜构成的景墙作为文化背景，描述中国的奥运情缘，同时特色的树池和铺地用以烘托氛围。

（5）场地运动区　位于体育公园中部，由田径场、网球场、篮球场和门球场等室外运动场组成（见图10-18）。

图10-18　杏林体育公园场地运动区

（6）室内运动区　位于体育公园南部，是一所综合性体育场馆，作为篮球训练中心使用（见图10-19）。

（7）水上运动区　位于体育公园东侧，由标准游泳池、比赛游泳池、戏水池等组成。景观设计上采用玻璃幕墙式的景观柱，其上雕刻了水上运动的符号；同时浮动码头更是水上运动的现实符号（见图10-20）。

图10-19　杏林体育公园室内运动区

（8）极限运动区　位于园区北侧的狭长地带，由轮滑运动区、攀岩运动区、趣味运动区等组成。首先在入口的处理上，注重烘托本区运动特点进行坡地式设计，同时修剪整齐的垂榕柱组成的绿墙，一定程度起到弱化空间和分隔空间的作用，而正对面就是高大的攀岩墙，这种设计让人一入园区就有种心跳的感觉和挑战极限的冲动。

图10-20　杏林体育公园水上运动区

（9）体育文化展示区　横贯公园东西侧，展示体育运动史上值得记忆的人和事，如通过三组钢构廊架和特色铺地介绍马拉松运动、重要运动赛事的组织者、著名体育运动协会主席、对体育有突出贡献的人、体育科技史上的著名人物；采用地刻、影雕或其他雕刻的形式介绍体育奇闻轶事。

2.道路系统规划

（1）理顺道路交通　园区主要道路由贯穿南北的园博园二号路和新增加的6m宽车行道组成环状路网，方便通达各功能区；规划增加两座对外联系的步行桥以强化步行系统，方便各方向人流的通达，满足群众性、公益性的要求，区内设置较为完善的步行系统，包括环岛步道和各区间的步行通道（见图10-21和图10-22）。

图10-21　杏林体育公园漫步道

图10-22　杏林体育公园环岛步道

（2）停车场设置　规划充分考虑园区内停车需求，采用集中设置与分散设置相结合的方式，灵活布置，方便就近停车。

3.竖向规划

园区现状高点位于二号路上的澄明桥和意远桥，二号路平均标高为3m左右，中部场地标高为2.1m左右，外围标高较低，为1.4~2.0m。

根据杏林湾50年一遇的防洪安全要求，规划岛上主要疏散道路标高不低于2.2m，中部运动区及主要建筑的室外标高控制在2.3m以上，游泳池壁标高建议不低于2.5m。

4.绿化种植设计

（1）绿化种植设计方法

1）建筑与园林植物结合组景。园林植物与建筑的配置是自然美与人工美的结合，处理得当，二者关系可求得和谐一致。植物丰富的自然色彩、柔和多变的线条、优美的姿态及风韵都能增添建筑的美感，使之产生出一种生动活泼而具有季节变化的感染力，一种动态的均衡构图，使建筑与周围的环境更为协调。

体育公园内有较大体量的建筑，如高大的篮球馆、宽大的半地下车库等，需要借助植物给人的特殊视觉效果进行弱化，以去除僵硬的线条，营造和谐的环境，给运动提供生态效益。

在具体设计上我们始终坚信建筑等硬质景观只是绿化景观的延伸，于是我们让绿色延展至篮球馆顶棚，使得地下车库感觉像是在小山包中。

2）水体与园林植物结合组景。园林中各类水体，无论其在园林中是主景、配景或小景，无一不借助植物来丰富水体的景观。水中、水旁园林植物的姿态、色彩、所形成的倒影，均加强了水体的美感。有的绚丽夺目、五彩缤纷，有的则幽静含蓄，色调柔和。水上水边的绿化树种首先要具备一定耐水湿的能力，另外还要符合设计意图中美化的要求。

3）道路与园林植物结合组景。园中道路除了集散、组织交通外，主要起到导游作用，道路的植物配置首先要服从交通安全的需要，能有效地协助组织车流、人流的集散。园路的宽窄、线路乃至高低起伏都是根据园景中地形以及各景区相互联系的要求来设计的。一般来讲，园路的曲线都很自然流畅，两旁的植物配置及小品也宜自然多变，不拘一格。游人漫步其上，远近各景可构成一幅连续的动态画卷，具有步移景异的效果（见图10-23）。

（2）绿化设计总体布置方案　园区绿化设计依托各功能分区，根据不同功能需求设计不同主题的绿化方案，同时严格遵从层次分明、季相变化、疏密有间三大原则，结合不同性质功能区设计不同的配置方案，尽量做到移步换景、处处皆景的绿化效果，充分发挥绿化景观的功能性。全园共分七大主题：

浓墨重彩：入口区注重彰显大气氛围，在背景树的选择上别具匠心，主要为枝叶繁

图10-23　厦门园博园——杏林体育公园道路与园林植物结合组景

茂、体态笔直、冠幅庞大的树种，这样可以为部分的硬质景观在绿色的掩映下更突出。

香林花语：室外运动场地周围的绿化注重功能性——遮阴效果，从而可以让人们在运动的同时也能获得一个安静凉爽的休息空间，设计上采取密林设计手法，强调空间的隔断；同时又在层次和色彩上凸显变化。

图10-24 杏林体育公园"四季凝华"

满园春色：室内场馆临时绿化突出简洁二字，不求过多的变化，以大面积的草坪和丛植的乔木为主，强调空间的穿透性和渗透力，为人们提供自由玩耍的空间，同时又为将来的二次建设提供方便。

热带风情：丛植的热带植物、个性化的草花灌木、错落有致的乔灌组合，组成了一个流动而又相对独立的空间，同时也点缀一些常绿大乔木，可为泳后休息的人们提供绝佳的休息场所。

淌水流荫：极限运动场区的绿化为北侧相对狭长的地带，设计上注重疏密空间的营造，疏地可以供人们运动，密地可供人们休息，疏密相间，强调绿化配置的动感，与极限运动的韵律协调。

莺歌烟柳、烟雨长廊：滨水植物突出莺歌烟柳的安详氛围，可聆听流水潺潺，可看到白鹭戏水、清风拂柳，花香扑鼻，好不自在，美不胜收。

四季凝华：结合体育文化展示，点缀各色植物，在变化中求统一（见图10-24）。

5.护岸景观设计

（1）护岸景观设计的原则

1）要考虑景观的整体性，不做只考虑护岸的设计。

2）要始终以透视图将设计对象空间确认为立体形态，不能仅凭平面图和截面图来进行护岸设计。

3）要充分考虑进行景观设计的场所的特性，不能原封不动地照搬别的设计。

4）在护岸设计中不要过分渲染，避免让护岸成为景观的主角。

5）在构思和设计护岸的平面形状时，要基本上以徐缓曲折的形状为主，使景观显得自然生动。另外护岸的平面形状要以舒缓怡人的程度作为构思的出发点，不应使其产生小圆弧式的变化，以免破坏景观的怡人效果。

（2）护岸的类型 结合本区域场地实际情况，该工程护岸类型按材料分为以下两类：

1）天然材料护岸。包括草和草皮、合成材料加固的草、芦苇、柳树和其他的树、木结构、灌木、临时保护等。

2）铺砌护岸。包括石头中的抛石、砌石、圬工、石笼沉排、灌浆结构等。

（本方案由厦门瀚卓路桥景观艺术有限公司提供）。

第11章

FENGJINGMINGSHENGGONGYUAN 风景名胜公园

11.1　风景名胜公园的相关概念

11.1.1　风景名胜

《风景名胜区管理暂行条例实施办法》对风景名胜的定义是：具有观赏、文化或科学价值的山河、湖海、地貌、森林、动植物、化石、特殊地质、天文气象等自然景物和文物古迹、革命纪念地、历史遗址、园林、建筑、工程设施等人文景物和它们所处环境以及风土人情等。

《园林基本术语标准》（CJJ/T 91—2002）中对风景名胜的定义是：著名的自然或人文景点、景区和风景区域。

11.1.2　风景名胜资源

《风景名胜区规划规范》（GB 50298—1999）对风景资源的解释：也称景源、景观资源、风景名胜资源、风景旅游资源，是指能引起审美与欣赏活动，可以作为风景游览对象和风景开发利用的事物与因素的总称。风景名胜资源是构成风景环境的基本要素，是风景区产生环境效益、社会效益和经济效益的物质基础。

11.1.3　相似概念区分

风景名胜区是我国特有的一个概念，依托此概念分离出来的风景名胜公园也是我国特有的一种公园类型。区分风景名胜公园有以下标准：第一，以风景名胜点（区）或历史古迹为主要构成内容；第二，风景名胜公园的选址是在城市市区或近郊，属于城市建设用地；第三，风景名胜公园的绿地率应当大于65%。

11.1.4　风景名胜公园

风景名胜公园对应的英文为famous scenic park。在《城市用地分类与规划建设用地标准》（GB J137—1990）与《园林基本术语标准》（CJJ/T 91—2002）中的定义为：位于城市建设用地范围内，以文物古迹、风景名胜点（区）为主形成的具有城市公园功能的绿地。

《公园设计规范》（CJJ 48—1992）中的定义：位于城市建成区或近郊区的名胜风景点、古迹点，以供城市居民游览、休憩为主，兼为旅游点的公共绿地。有别于大多位于城市远郊区或远离城市以外、景区范围较大、主要为旅游点的各级风景名胜区。

11.2 风景名胜公园分类

11.2.1 按照风景名胜资源的类别分类

1.以自然风景为主的自然式公园

这类风景名胜公园以自然景观为主，大多依托风景名胜区形成。例如南京玄武湖公园、扬州瘦西湖公园等，都是以优美的自然风景吸引了大批的古代文人骚客来此游赏，所以自然风景优美是其主要特点。

2.以历史名胜为主的人文式公园

这类风景名胜公园以人文景观为主，具有浓郁的历史文化和人文气息，园内至少有一处主要的历史古建。例如昆明市的昙华寺，以其寺内的云南第一高塔而享誉盛名，成为人文式历史名胜公园。

11.2.2 按照基地所处位置分类

1.市区型风景名胜公园

这类风景名胜公园位于城市市区范围，往往还是城市绿地的核心内容。例如北京的景山公园、昆明的翠湖公园等。

2.郊区型风景名胜公园

这类风景名胜公园位于城市郊区范围，以近郊区为主。例如安徽的采石矶公园。

11.2.3 按照构成的景观要素和主要特色分类

1.水景型风景名胜公园

例如南京玄武湖公园、扬州瘦西湖公园、济南大明湖公园等。

2.山景型风景名胜公园

例如广州七星岩公园、昆明鸣凤山金殿公园（见图11-1）。

3.历史文物型风景名胜公园

例如成都武侯祠、西安小雁塔公园（见图11-2）。

图11-1 昆明鸣凤山金殿公园　　　　图11-2 西安小雁塔公园

11.3 风景名胜公园的起源

　　风景名胜公园概念最早是在1991年《城市用地分类与规划建设用地标准》（GBJ 137—1990）中出现的。在这之前，我国的绿地分类是以1982年原城乡建设部颁布的《城市园林绿地管理暂行条例》为标准的。其中将园林绿地分为五类：公共绿地、专用绿地、生产绿地、防护绿地、风景名胜区。公园属于公共绿地，其性质是城市公园，尚没有风景名胜公园的类型，风景名胜区在绿地分类中是一个单独完整的类型。

　　随着城市用地的扩张、风景名胜区和旅游的发展，以及公园数量和类型的增加，原有的城市用地分类标准不能适应新的发展需要。建设部对原有的分类重新作了一些调整，于1991年颁布了新的城市用地分类标准。考虑到我国的风景名胜区大多远离城区，也有少数位于城市近郊或城区内，一般地域范围较大，有的可达数百平方公里甚至数千平方公里，用地组成往往包含了多种类型。其地域范围内不仅仅是园林绿地，还包括了城市建设用地、村镇建设用地以及农、林、牧业用地等，风景区内除了有风景名胜古迹、园林绿地外，有的也包含了一部分城区，一概而论则不能准确的反映城市用地的状况。如杭州的西湖风景名胜区，整个杭州城就是围绕着西湖而建的（见图11-3）；又如厦门的鼓浪屿万石山风景名胜区，其中的鼓浪屿就是厦门的一个街区。所以不宜笼统将风景名胜区范围的用地归入绿地类，也不宜单列为绿地中的一项（见图11-4）。因而在新的分类中就将风景名胜区中供游览休憩，起到公园作用的用地归入公共绿地类，称之为风景名胜公园，作为城市公园的范畴参与城市用地平衡。

图11-3　杭州西湖风景区　　　　　　　　图11-4　厦门鼓浪屿风景区

　　由此也可以看出，此时在城市中的风景名胜区，有些已经出现了城市公园的特征，具有城市公园的作用。

　　我国的风景名胜区根据其位置来分有两种情况：一种是与城市相距较远的独立型的风景名胜区，如江西萍乡的武功山（见图11-5）、西安的西岳华山（见图11-6）、四川的九寨沟等（见图11-7）；另一种是依附于城市在城市中或者郊区的，如杭州西湖，北京的八达岭等（见图11-8），这一类即为城郊风景名胜区。它们除了其独特的风景名胜资源外，还具有以下几个特点：

图11-5　江西武功山景区　　　　　　　　　　图11-6　西安西岳华山

图11-7　四川九寨沟风景区　　　　　　　　　图11-8　北京八达岭

1）分布在城市周边，位于城市规划区范围内，交通方便。

2）具有悠久的历史文化和人文景观。

3）与城市联系紧密，反映城市的历史文化，有很多城市变迁过程的历史积淀，多为城市自然山川环境的主体，是城市景观或历史文化名城的精华所在。

4）是市区范围内最大、最集中的生态绿地，同时兼具部分城市公共绿地的功能。

5）已有一定建设规模、对城市的旅游开发具有重大影响，成为城市的明信片。如到成都必到武侯祠，到厦门必到鼓浪屿等。

城郊型风景名胜区的这些特点决定了其作为城市公园的可能性，为风景名胜公园概念的提出奠定了理论依据。

虽然风景名胜公园这一名称已经在城市绿地分类标准中正式使用了，但在实践中却没有得到推广，对绝大部分人来说它都还是一个陌生的概念。即使专业人员中也很多不知道风景名胜公园为何物。对风景名胜公园的实例，也经常是放到风景名胜区、旅游景点中进行研究。而实际建设中，已经有许多实例存在。典型的如扬州的瘦西湖公园、北京的恭王府公园、成都武侯祠等（见图11-9和图11-10）。

图11-9 北京恭王府 | 图11-10 成都武侯祠

11.4 风景名胜公园的特征

11.4.1 以景为本

既然称之为风景名胜公园，自然要以景为本体，公园的建立是为"景"服务，而不是以人为本的，人的需求应当让步于景本身的要求。一般来说风景名胜公园都是以中心景物的名称命名。如济南趵突泉公园，始建于1956年，全园以"趵突泉"为重心。

11.4.2 地方性

"园林因地方不同、气候不同、而特征亦不同。园林有其个性"。我国的古典园林向来具有十分明显的艺术个性和独特的审美情趣。

不同地方的风景名胜资源具有不同的特色，甚至已经成了城市的象征。如西湖是杭州的代表，很难想象没有了西湖的杭州还会成为人们心中"上有天堂、下有苏杭"的魅力城市吗？北京的颐和园公园里面的佛香阁等园林建筑都能体现北方园林艺术敦实厚重的风格（见图11-11）。济南的趵突泉公园，代表着"泉城"的特点（见图11-12）。

图11-11 北京颐和园佛香阁 | 图11-12 济南趵突泉公园

11.4.3 历史性

风景名胜区都是历史悠久或者经过不断地更新形成的，往往是一个地方的历史延伸。

而风景名胜公园或依托风景名胜区，或依托历史古迹，都是经过历史的不断发展演变而形成如今的面貌，蕴含了大量的历史信息。

11.4.4　旅游性

风景名胜公园中的风景名胜资源具有较大的旅游吸引力，这使得风景名胜公园具有了很强的旅游性。风景名胜区本身就是旅游景点，而历史古迹也是旅游市场的卖点之一。一些名胜古迹因为公园的氛围增强了自身的形象，而公园也因为有了这些名胜古迹声名远播，吸引着外地游客参观，甚至于公园有时候以旅游为唯一功能、以外地游客为主要服务对象。如济南的趵突泉公园，就是以旅游为公园的主要功能。扬州的瘦西湖公园、北京的天坛公园都是国家AAAA级旅游景区。

11.4.5　观赏性

风景名胜公园最主要的特点就是有风景名胜在内，这也决定了公园以观赏为主的游览方式。对于自然名胜，人们来此欣赏湖光山色、自然之美；对于历史古迹，人们来此感受中国的古代文化、感受历史的沧桑。这种观赏性特点尤其在历史古迹型的风景名胜公园内更加明显，也决定了公园内游览路线设置的重要性，分区比较明显；在公园的布置上，宜"静"不宜"闹"，尤其对于历史古迹型的风景名胜公园，整体环境以优雅、古朴、清静为主，尽量少设游览设施，现代化的娱乐设施很容易破坏这种气氛，常常会给人一种不协调的感觉。

11.4.6　包容性

风景名胜公园是为风景名胜服务的，要突出其特点，因而决定了其趋向于中国古典园林的风格体现，其设计风格要受到历史文化的制约；公园又是一个现代的概念，要适应现代人的使用要求和审美特点，必然要采用现代人的理念思想，现代的材料技术；在规划设计上又有许多引用西方的景观规划设计思想的地方，这些使得风景名胜公园具有包容性。一个好的风景名胜公园，必然能成为历史与现代对话的场所，成为东西方文化交流的园地。

11.5　风景名胜公园的功能

11.5.1　保护历史古迹，弘扬历史文化

风景名胜公园是以风景名胜为基础的，其蕴含了丰富的历史文化。公园的性质使得园内的名胜古迹有一个良好的依托环境，自然也能得到较好的保护。作为城市公园，市民多了一个休闲场所；作为风景名胜，人们多了一个旅游选择。当人们在园内休息散步时，亦

能近距离的观赏名胜古迹，从而感受历史文化。另一方面，园林城市目标的提出，各个城市都开始注重城市的绿化建设，改善了城市的环境，但是这些多以自然景观为主，人文景观依然比较缺乏，而风景名胜公园正好弥补了这一不足。

11.5.2　防止风景点的城市化

随着城市化的加速，城市用地逐步向外围扩张，城市用地范围越来越大。城市郊区的风景名胜区中的用地包含了多种类型，有些只是绿地的形式，不属于核心保护区的内容，有些用地是农用地、未利用地以及其他建设用地，可能具备明显的美学和经济价值，在规划中往往受到忽视。在风景名胜区外围，城市快速扩张，房地产、乡镇企业等对其形成蚕食的压力。将其作为城市公园来规划设计，既可以有效利用风景名胜资源，也能防止风景区的城市化。

11.5.3　促进城郊一体化的发展，完善城市绿地系统

城郊风景名胜区犹如巨大的绿肺，不同程度地改善着近郊大气环境、水环境和景观环境质量。在某种程度上，近郊风景名胜区愈来愈成为树立城市品牌和增强城市竞争力的一部分，在对人才、技术、投资等发展资源的争夺战中发挥着举足轻重的作用。通过改善城市近郊环境品质，客观上增强了旅游业、房地产业、高新技术产业等环境敏感产业的投资信心，巩固城市旅游中心地位，促进城市居住人口向风景名胜区周边转移，为高新技术产业的发展提供有利条件。另外，其特殊的区位和生态作用促进了城市空间结构的疏解。郊区的风景名胜公园依托于风景名胜区或者历史古迹形成良好的环境绿化，其所具有的公共绿地的特点如同城郊型风景名胜区一样，在城市景观绿化等方面发挥着巨大的作用。与此同时，和城市内的公园一起共同构建了更加完善的城市绿地系统，促进城郊一体化和城市绿化空间协调发展。风景名胜公园独特的自然和人文景观资源，更能突出自然与城市的融合关系。

11.5.4　加强了城市公园的旅游功能

风景名胜区或者历史古迹本身就是很好的旅游资源，依托于此而形成的风景名胜公园必然具备旅游功能。城市公园发展到现在，功能不断增强，开发旅游成为一个热点话题，风景名胜公园则弥补了城市公园这方面的不足。

11.5.5　历史文化和爱国教育基地

城市公园的功能之一就是能够作为精神文明建设和科研教育基地。对于风景名胜公园来说，这方面的功能更加突出，主要表现在历史文化知识的灌输。园内的名胜古迹无疑是历史文化的实践教材，给人以更直观的感受，通过游览人们可以直接体验中国古老的文明、悠久的历史，从而激发爱国的热情。

11.6 风景名胜公园规划设计

11.6.1 规划设计的内容

1.风景名胜资源评价

我国有众多的风景名胜资源，但并不是都适合用来做公园。城市公园承担着城市居民休闲游憩的重要功能，必然要有一定程度的开发，人流的大量介入对原有的风景名胜资源带来什么样的影响？是否适合作为公园开发利用？作为城市公园，开放性和公益性要求其不能设置过高的门槛将普通老百姓拒之门外，这是否和风景名胜资源的历史价值有所抵触？这需要对风景名胜资源的历史价值、文化价值等多方面加以考虑。另一方面，风景名胜公园对风景名胜资源的级别也有一定的要求。因此，进行公园规划之前，有必要对风景名胜公园的内容进行可行性评估，这包括现有景观评价、历史人文评价、开发可行性评价等，以确定景观的价值、公园的性质类别、公园的规划范围等，为下一步的规划设计做准备。

2.现状分析

通过对风景名胜资源进行评价，初步确立了建设风景名胜公园的可行性，进入公园的规划设计工作，现状分析是必不可少的一步。

现状分析包括基础资料的收集和整理，其中比较重要的是对人文环境、公园所处区位及交通状况等资料的收集与整理，已达到有据可依，让规划设计能落到实处。

3.确定规模容量

公园最大游人量：在游览旺季的日高峰小时内同时在公园中游览活动的总人数。

按照公园设计规范，公园规模容量的计算公式为：

$$C=A/A_m$$

式中　C——公园游人容量（人）；

　　　A——公园总面积（m^2）；

　　　A_m——公园游人人均占有面积（m^2/人）。

确定公园的规模容量对于风景名胜公园来说比较重要。这是因为风景名胜公园的人均占有面积宜为$100m^2$以上，而其他公园人均占有公园面积一般是$60m^2$。在公园总面积相同的情况下，风景名胜公园能够接纳的游客人数应少于其他公园，也就是说风景名胜公园要求较少的游人容量。这和风景名胜公园的保护性要求一致，是为了避免太多的人流量对历史古迹和自然景色造成破坏和冲击，让风景名胜得到有效的保护和发扬，而不能使之毁于一旦。

11.6.2 设计总说明、编制概预算

设计总说明、编制概预算是公园的规划设计中必不可少的内容。风景名胜公园的设计总说明的重点不仅在于公园功能分区及景色分区的设计说明，还包括公园在城市园林绿地系统中的地位、公园周围的环境、公园中现有的景物特点等情况的说明，以及公园的设计

理念、设计目的、后续管理、对于名胜古迹的保护措施等。从某些方面来说，有些类似于在风景名胜区的规划中的作用。而概预算要反映出风景名胜公园的建设预期投入和投入回收等经济技术指标和数据，为公园的建设和开发提供有利的经济指导和有效的控制约束，防止公园的建设过程中出现开发不到位或盲目的扩大开发。

11.6.3　规划原则

1.保护的原则、历史价值的保留

"历史价值观念的保留现在已成为制定一个规划的目标"。风景名胜公园内的大量的风景名胜资源具有独特性和不可再生性，很多也是文物保护的对象；其所具有的历史价值、文化价值是最宝贵的财富。风景名胜公园的任务之一就是保证这些资源的合理开发利用，在保护的基础上进一步发展延续，激发活力，从而永续发展。在规划设计时，保证历史古迹的原真性，创造和谐的环境是首要的原则。

2.以"景"为本，情景交融

风景名胜公园是以"景"为中心的，因为有了景才有了风景名胜公园的存在。因而，其规划设计应该体现这个"景"的特征，强调"景"的地位。这个"景"可以是自然风景、也可以是历史古迹、文化遗址。

对于依托于风景名胜区、以自然风景为主形成的风景名胜公园，主体中心可能不是很明显，游客在其中的体验就显得更为重要，如何能够"情景交融"是规划设计的重点。在游览路线、休息设施等的设计上需要仔细推敲，考虑游人的使用需求和心理特征。

3.注重可亲近性与观赏游览性，加强历史与现代的对话

与传统园林的观赏的特点相比，现代公园更多地承担了社会公众种种参与性的活动要求。可亲近性与观赏游览性，也可以说是"情景交融"。只不过后者更强调游人在其中的感情抒发。而前者是说，作为风景名胜公园，虽然有保护的要求，但同时也有使用的要求。在规划设计时，考虑景物的不同角度的观看要求，从不同方位体现景物的特点，从而加强了观赏的趣味性。同时，这个景物是可以游览的、可以观看的，而不是严密的"保护"起来。公园应该是一个亲切宜人的场所，而不是拒人于千里之外的禁地。规划时应避免如草坪不能进入、有些场地划分尺度过大等问题。具体的做法需要根据具体的情况分析，不可一概而论。

另外，风景名胜公园的规划设计还应注意一个问题：为游览者提供与"历史"交流的场所，真正近距离地感受历史、感受文化。注重在私密性与公共开放性中取得平衡。游人是否愿意在公园内停留，是公园是否宜人的标志。

可亲近性与可游览性，还要防止一个问题：娱乐设施的增加。风景名胜公园相对来说需要一个较"静"的氛围，注重人在其中的体验。现代化的娱乐设施不仅与风景名胜资源的历史性氛围不相符合，而且可能会对名胜古迹产生一定的破坏作用。

4.文化的挖掘与表达

不论是风景区型风景名胜公园还是历史古迹型风景名胜公园，都具有丰富的文化内

涵，这是其区别于其他公园的地方。历史名园也具有很深的文化性，但其园林形态本身就已经是对历史文化的表现，无需再刻意的表达。而风景名胜公园本身并不是这种文化的展现，只是为名胜古迹创造一个良好和谐的环境。特别是对于历史建筑和文化遗迹来说，更应当注意地方文化特色的体现。注重历史建筑和文化遗迹在景观设计中的保护和利用，其意义首先在于它蕴含特定历史时期社会价值观念和理想，并且将不可避免的继续承载后期历史价值的观念。因此，其信息积累是一个动态的、不断发展变化的过程。基于这种视角，景观规划设计应充分利用场地的资源，将其与文化遗迹开发利用有机结合起来，反映出地方历史文化底蕴，并提高公众参与历史文化遗产保护的意识。我国的园林名胜历来和文化相关联，也是其魅力所在。文化是感受场所精神、表达场所特征必不可少的内容，风景名胜公园应当充分利用自身优势，挖掘这些名胜古迹的文化内涵，并在公园的规划设计中充分传达给人们文化信息。

5.生态园林的设计原则

注重环境生态和生物多样性。环境生态是当今社会的热点之一，并成为公园的一个主要功能。风景名胜公园中的环境绿化的比例一般高于其他类型的城市公园，其规划设计应充分利用这一点，构建和谐的环境景观，重视环境生态。尤其是位于郊区的风景名胜公园，其生物多样性也高于市区，生态效益相对明显的多，对于城市外围的生态环境有不容忽视的影响，还可以与郊野公园一起，共同构建城市的外围绿带，为城市创造一个良好的生态环境。

6.公众参与机制

公众参与是一种让群众参与决策过程的设计，使群众真正成为公园建设的主人，公众参与的倡导者主张设计人员首先询问人们是如何生活的，了解他们的需要和他们要解决的问题。

公众参与机制以往在城市规划中提到的比较多，近来也开始引入景观规划设计中。城市公园作为现代人类的重要生活环境场所和精神寄托场所，公众参与的结果必然大大提升公众自身的园林审美趣味与欣赏水准，反过来影响设计师与建设者进一步提高园林创作水准，创造高品质的园林景观，使环境和人的关系更契合、更和谐。

7.重视公园说明、指示牌内容的原则

公园设计不仅需要合理安排人流，组织游览路线，同时也应在细节上关注游人的心理需求，方便人们的使用。问卷调查显示，大部分的人去公园时，都有习惯阅读公园说明和指示牌。初次进入公园的人对公园路线、景点设置都不熟悉，对游览目标处在模糊阶段。这个时候需要对全园有一个大致的了解，以便做到游览时心中有数，并在游览路线上不至重复。对于风景名胜公园来说，这一点的需求就更加明显。指示牌的内容位置就比较重要了，内容应能让人一目了然，位置应比较显眼，多位于道路交叉口。公园的说明牌是对整个公园性质、类型、建造时间，背景等的简单介绍。风景名胜公园现在还是一个需要推广的概念，借助于公园说明牌无疑是一个便捷的方式。同时，园内的众多景点都含有丰富的历史文化，常常伴有历史典故，说明牌的设立可以起到宣传讲解作用，于潜移默化中传播历史知识，弘扬祖国的历史文化。

11.6.4 建立风景名胜公园评价体系

1.建立风景名胜公园评价体系的必要性

风景名胜公园与其他类型城市公园相比，多了一项保护与发展的内容。什么样的条件下适宜于建设公园？规划建设时应注意具体的什么问题？建成后对历史文物有何影响？对城市整个绿化体系有何影响？对城市景观的形成体现在哪些地方？在城市公园中的地位如何？使用对象是谁？这些都关系着风景名胜公园的价值体现。建立相应的评价体系有助于更好的认识风景名胜资源的特性，理性地评估风景名胜公园的可行性和作用，使公园的形成建立在科学的预测和评价基础上。在适当的地点建设，选择适当的建设内容，确定适当的开发力度，合理地进行风景名胜公园的开发建设。

2.风景名胜公园评价体系的步骤

（1）基础资料的收集　参照《风景名胜区规划规范》中第3.2.1条　风景资源评价应包括景源调查；景源筛选与分类；景源评分与分级；评价结论四部分。

主要的基础资料为：城市现状、居住人口及组成、风俗习惯、历史古迹、历史文化（包括有形的实物和无形的文字等）、古树名木、保护现状、地质资料、城市公园现状等。

（2）基础资料分析整理，做出评价　参看《风景名胜区规划规范》中风景名胜资源评价的几条规则：

第3.2.4条　风景资源评价单元应以景源现状分布图为基础，根据规划范围大小和景源规模、内容、结构及其游赏方式等特征，划分若干层次的评价单元，并作出等级评价。

第3.2.5条　在省域、市域的风景区体系规划中，应对风景区、景区或景点作出等级评价。

第3.2.6条　在风景区的总体、分区、详细规划中，应对景点或景物作出等级评价。

风景资源评价应对所选评价指标进行权重分析，评价指标的选择参考《风景名胜区规划规范》表3.2.7的规定。

（3）得出结论，建立风景名胜公园评价资料库　第3.2.9条　风景资源评价结论应由景源等级统计表、评价分析、特征概括等三部分组成。评价分析应表明主要评价指标的特征或结果分析；特征概括应表明风景资源的级别数量、类型特征及其综合特征。

根据以上的资料、分析进行对风景名胜公园的评价，建立风景名胜公园评价资料库。慢慢的可以形成自己的构建体系，既可作为城市公园旅游价值评定资料研究基础，也可以为以后的深入研究做准备，为我国城市中的名胜古迹资源的管理奠定基础。

11.7 实例解读：扬州瘦西湖

1.总体概况

扬州是我国著名的历史文化名城，历史上曾经一度非常繁华，留下了"腰缠十万贯，骑鹤下扬州"的著名诗句。其自然风光秀丽多姿，因而又有了"烟花三月下扬州"的说法。经济的繁荣是因为扬州是水运交通的要道，景色的出名则是因为瘦西湖的存在。

瘦西湖是自隋唐以来随着城址的变迁，由人工开凿的城濠和通向古运河的水道而形成，风光秀丽，水面狭长。隋唐时期开始在沿湖陆续建园，及至清代，由于康熙、乾隆两代帝王六度"南巡"，园景建设空前繁盛，形成了"两堤花柳全依水，一路楼台直到山"的园林景观。乾隆时期的诗人汪沆慕名从杭州来此游玩，面对如画的景致，即兴写道："垂杨不断接残芜，雁齿红桥俨画

图11-13　扬州瘦西湖

图。也是销金一锅子，故应唤作瘦西湖"。瘦西湖的名字便从此流传开来。到了嘉庆时期湖上园林逐渐趋于没落，阮元仪在《扬州画舫录》后跋中哀叹"楼台荒废难留客，花木飘零不禁樵"。瘦西湖沿岸基本上没有完整的园林存在了。新中国成立后，经过长期不断的建设，恢复了一些旧有的景点，重新展现了瘦西湖的景观特色（见图11-13）。

瘦西湖的范围，南自虹桥，北至平山堂蜀岗下，长近5km，湖水与城河、潮河相接，通大运河。长堤春柳、小金山、五亭桥、白塔、二十四桥景区等名园胜迹，散布在窈窕曲折的一湖碧水两岸，俨然一幅次第展开的国画长卷。这一部分是整个瘦西湖—蜀冈风景名胜区的精华所在。瘦西湖—蜀冈风景名胜区是国家重点风景名胜区，也是国家AAAA级旅游区。瘦西湖公园是其重要组成部分。

瘦西湖公园是围绕瘦西湖及其沿岸景点建成的，位于古城扬州的西北部。公园的范围从虹桥之北开始，总面积为116.7hm²，其中陆地面积和水面面积约各占50%，公园的绿地率为91.4%，绿化覆盖率为95.9%。其是市民休闲游憩的主要场所，也是扬州的著名游览胜地。瘦西湖公园是瘦西湖景区的精华部分，囊括了历史上大部分的名园胜迹。

2.公园总体规划

（1）自然景观规划　自然景观是瘦西湖公园的观赏基础。我国的造园深受道家"天人合一"思想的影响，历来讲究"师法自然"，园林设计要求"出于自然高于自然"。直到今天这依然是大多数中国人的欣赏习惯。瘦西湖公园的景观形态是经过了历史上不断的建设而形成的，新的规划设计必须配合原有的形态才能更好地体现其景观特色。具体的表现在以下几个方面：

1）瘦西湖风光的运用。瘦西湖是由河道演变而来的，故湖身狭长，窈窕曲折，水色碧绿，虽无五湖的浩荡，却有西子的妩媚。整个公园围绕瘦西湖形成，公园中大部分景点都是围绕着湖面展开。瘦西湖游览面积有480多亩，水面游程就达4.3km，沿岸大部分景点均需配合湖面营造气氛。

瘦西湖公园紧紧地抓住了瘦西湖的自然特色，对原有的规划分隔没有做过多的改动，只是进行了修补完善。

瘦西湖在历史上的规划手法，是利用桥、岛、堤岸的划分，使狭长的湖面形成层次分明、曲折多变的湖光山色，同时又依山临水，面湖而筑，组成若干个小园，园中小院相

套，自成体系。还引借历史胜迹和自然景色为主题，以匾额、组联、题咏等，画龙点睛组成一区胜景，富有诗情画意，扩大游人欣赏境界。使有限的河道水面变成了无限的山水空间，创造"以人力巧夺天工"的湖山胜境。清代的瘦西湖形成了"两堤花柳全依水，一路楼台直到山"的园林景观，如今依然延续这种特色。在瘦西湖通向大明寺的湖面，迎面有一座半岛阻挡，形成一个S形的水湾，游船过此湾后，湖面豁然开朗，隐露于蜀冈上苍松翠柏中的中峰大明寺和东峰观音山上气势雄伟的建筑群展现眼前，显示了"山重水复疑无路，柳暗花明又一村"的意境。

2）植物的运用。瘦西湖公园内的观赏植物种类丰富，目前公园内共有木本观赏植物297种（变种、变型及品种）分属于70科，151属。除去在温室、花房内盆栽外，用于公园绿化的树木共有63科，128属，242种（变种、变型及品种），另外用作花坛花卉、地被植物的草本观赏植物100种以上，用于立体垂直绿化的藤本植物23种。瘦西湖公园是目前扬州市观赏植物种类最多的公园，并且许多植物品种均为扬州市独一无二的。如此丰富的植物为公园的生态、自然景观打下了坚实的基础。植物在历史的进程中变化最大，不可能完全按照古典园林的形态进行恢复。因此，除了一些古树名木外，公园内大部分植物树木都进行了重新的规划配置。植物或许可以看做是体现优美的自然景观的媒介。在这类自然型风景名胜公园的规划中，植物的作用就更加重要了，必须能表现出自然景观的性格，还要辅助周围环境创造出有特色的意境。

3）道路的运用。公园的整个道路系统以自然式为主，局部需要的地方作为轴线处理。如公园北入口，直接对着公园的主景——五亭桥。这里又是入口，因而道路采用了明显的直线式，尺度较宽以适合入口的需要，并形成入口——五亭桥的轴线，突出了五亭桥的中心地位和视觉上的气势。

（2）人文景观规划　人文景观构成了瘦西湖公园的灵魂。人文景观的规划设计不仅仅是对名胜遗迹本身的修复再造，还包括了周围环境的恢复处理，意境的蕴含和文化的表达等。瘦西湖在历史上曾经以湖上集锦式园林著称，但现在几乎没有一个完整的园林保存下来，仅为"点"式存在，形成了现在公园里的主要景点。优美的自然风景因人文景观的加入而充实了内容，增添了许多文化的内涵。瘦西湖中众多的名胜遗迹主要以亭榭园桥为主，名胜古迹中，历代名人题咏非常多，这些题咏进一步为瘦西湖增添了文化内涵。这些单独的名胜古迹点零散地分布在沿岸的各个角落，很容易会随着历史的发展而逐渐湮没。而如果连接成片，作为一个整体，则无论是从保护、利用的角度，还是从景观的效果方面来说，都要好得多。作为旅游的目标，自然需要多个景点的参与。这也是建立瘦西湖公园的原因，或者说风景名胜公园的价值所在为这些单个的景点提供一个良好的展现环境。将各个景点之间有机联系起来形成一个整体，使景物更具有观赏使用价值。

历史文物具有不可再生性，瘦西湖公园在修复景点时，也是以维持这些名胜古迹点的原真性为标准的。在恢复其历史风貌时，不仅仅是对单体的维护，而且包括了整个周围环境的建设。整个公园通过道路、水体、植物树木将所有的景点联系起来，重塑了"两堤花柳全依水，一路楼台直到山"的园林景观。由于历史上就是以园林出名，因此现在的景点也都很注重环境的塑造，以表现自然景观为主，目的是让人们欣赏自然美景。

公园内的主要景点为：大虹桥、长堤春柳、四桥烟雨、徐园、小金山、钓鱼台、听鹂馆、湖上草堂、凫庄、莲性寺白塔、五亭桥以及新建的虹桥等。五亭桥、白塔为公园的中心主景。五亭桥建于乾隆二十二年（公元1757年），因在桥上建有五个相连的亭子而得名，现为省级文物保护单位（见图11-14）。

五亭桥、白塔前面环水的凫庄，原为陈氏别墅，建筑造型既封闭又简陋。公园设计中，东面遥对小金山，采用古典曲尺型水榭一座，供作茶社冷饮部。西边濒临五亭桥、白塔，则采用带"美人靠"的曲廊，以供游人休息、赏景，整个建筑轻盈空透，似如浮在湖中的水鸟，以合"凫庄"之意，并不拘泥于形（见图11-15）。

图11-14　扬州瘦西湖五亭桥

图11-15　扬州瘦西湖凫庄

五亭桥东面为小金山，也是园内的主景之一。基本上维持了原貌，在周围进行简单的绿化，没有栽种过于繁茂的树木，一来突出其在湖心的位置，二来便于在湖中观赏四周景色，小金山上观看瘦西湖，空间开阔，更好地体现了著名的"框景"艺术效果（见图11-16）。

一首"二十四桥明月夜，玉人何处教吹箫"让二十四桥名声大噪。对于二十四桥，很少有人知道其名字的由来和含义，但是受杜牧这首诗词的影响，二十四桥在人们的心目中早已脱离了具体的形态了。与其说游人来这里是为了看桥，不如说是想体会诗里的意境。因而与其他景点相比较来说，二十四桥的修复不仅仅是桥体的还原，更主要的是对于意境的表达（见图11-17）。

图11-16　在小金山上观看瘦西湖的景图

图11-17　扬州瘦西湖二十四桥

瘦西湖公园中吸引人的除去名胜古迹、自然风景外，还有众多与景点相关的诗词歌赋、楹联。在整个公园中起到了画龙点睛的作用，形象地点明了各个景点的特色。譬如郑板桥在小金山的月观题有："月来满地水，云起一天山"；在瘦西湖寒竹松风亭题有"江秋逼山翠，日瘦抱松寒"，乾隆在四桥烟雨楼题有"何日涉原成趣，洽云开亦觉欣"等，为这些景点增添了浓厚的文化气息。"碧瓦朱甍照城郭，浅黄轻绿映楼台"是对熙春台的写照，"垒石通溪水，当轩暗绿筠"题于"白塔晴云"景区的积翠轩，"小院回廊春寂寂，碧桃红杏水潺潺"是半青亭的楹联，还有莲性寺的"醉月花阴竹影，吹风水槛山亭"、静香书屋的"飞塔云霄半，书斋竹树中"、陈寅为画舫题的"春风十里扬州路，明月二分瘦西湖"等，每一个景点都有楹联点明主题。这些楹联在瘦西湖公园中随处可见，为公园增添了不少文化气息。

因为要与场地的格调相协调，公园内没有过多的娱乐设施，主要的是湖内的画舫游船。与历史古迹型的风景名胜公园不同，这样的做法没有对公园的气氛造成破坏。瘦西湖本身就具有这项功能，历史上也有乘船、游湖的习俗，因而画舫游船在这里并没有显得突兀，反而为游览增添了几分趣味。除此之外，北门入口处有一个小型的"和平鸽广场"，面积不大，但是位于主要道路旁边，游人较多时会有一定影响，且加入了商业的因素，其场地规划氛围和周围显得有些不协调，是一个小小的败笔。在公园的南门附近僻静的角落，以围墙相隔，专门分出了一个游乐场，既满足了一部分人的要求，也对公园的影响降到了最低，不失为一个好办法。

第12章

SHEQUGONGYUAN 社区公园

12.1　社区公园的相关概念

12.1.1　社区公园的含义

社区公园是指为一定居住用地范围内的居民服务,具有一定活动内容和使用设施的绿地。社区公园是城市公园中的一个小类型,是最贴近居民生活的公园。社区公园为附近居民提供了良好的运动健身和休闲娱乐的绿化环境,因此其选址在居住区的内部或周边地块。根据《城市绿地类型分类》,按规模和服务半径,社区公园可分为居住区公园和小区游园两大类型。

12.1.2　社区公园的功能

社区公园是城市绿地的重要组成部分,不仅具有良好的生态功能和景观效果,更为城市、社区居民创造一个休闲、健身、便利、生活交流的绿色空间,促进社会和环境的进步,具有较大的社会效益。

1.美化环境、净化空气

营造优美、生态的景观环境是社区公园最主要的功能。如果说公园是城市的绿肺,那么社区公园可谓是居民区的绿肺。社区公园首先应该是一个公共绿地,种植各种乔灌木,具有美化环境、净化空气的作用。

2.创建休闲、健身、交往的空间

同一个社区内的居民,大多来自于不同的地方,有着不同的文化背景和生活态度,在社区生活中缺少交集。然而人类的生活,是一种群体式的生活,需要彼此的交流和互动。人们需要找到一个相互认识和交往的空间,一个闲暇之余放松心情的绿色空间。社区公园为社区居民的休闲交往创造了一定的环境条件。工作之余,人们可以在社区公园内散步、健身、休憩,邻里或朋友间相互交流,开展社区公共活动等。

3.提供防灾避险的场所

城市规模不断发展,高楼大厦不断涌起,但人们面对各种灾害的袭击,却越发脆弱。社区公园离居民生活区近,空间相对开阔、地势平缓、建筑稀少,可规划为防灾避险绿地,发生灾害时,可作为灾民的临时生活住所,也可作为救灾物资的集散地、救灾人员的驻扎地等。

12.2　社区公园的现状和发展趋势

12.2.1　国外社区公园现状

1.日本

在日本,人们把这种服务半径短,随时可以自由进入,离日常生活较近的近邻公园

（服务半径250m）昵称为"贴身公园"。这样的绿地形式简单、经济，它可能只是一小块楼间草地，或者是一小段河滩，又或者是一小片洼地。然而，自然的植物配置加上方便的休闲设施，便能为附近的社区居民提供开展各项活动的场所（见图12-1）。

图12-1　日本专供儿童玩耍的小型社区公园

日本东京附近某住宅区内的"樱花公园"便是一个典型的"贴身公园"。公园内除一个简易演出台外，没有其他景观建筑小品，全部种植了各种植物，为住民营造了一个绿色的世界。公园镶嵌在一栋栋小楼之间，没有任何围墙。居民一出楼门，便能方便地进入公园。公园面积54375m²，其中最大的一块绿地是利用洼地改造而成的下沉式绿地。平时，它可以开展各种活动，将绿地景观与运动休闲，生态保健有机地融为一体，不仅可以高效利用城市空间，而且顺应

图12-2　美国社区公园内的大草坪

都市人崇尚自然、关注生命的需求。日本在绿色中创造出的个性突出、环境优美的贴身公园，符合人们崇尚自然、关注生命的需求，符合人们返璞归真、回归自然、享受生活的美好愿望，值得我们借鉴。

2.美国

在美国，几乎每个社区都有配套的公园和绿地。美国地广人稀，再加上政府对于环境保护的重视，所以美国的人均绿地面积相对较大。中央大草坪是很多美国社区公园都拥有的一个景致（见图12-2）。由于造园方式的传统不同，中国的社区公园注重绿化的布置，而美国的社区公园则更侧重设施的建设，是名副其实的居民轻松休憩之处。与通常所说的公园和农场所不同的是，社区公园在建立时更注重居民的参与性。

3.澳大利亚

澳大利亚社区公园多根据自然环境而建，星罗棋布于各居民点。小型社区公园就建在居民小区内的绿地上，既不围栅栏也不设停车场，安上儿童游乐设施，饮水、洗手的水管，供休憩的简易亭子、桌椅，种植些花草树木。大一点的公园是在社区内寻找一块林木葱郁、风景优美的自然保护区，再在园内植上草坪，种些花木，添些人工景点，并开辟些停车场、游泳池、网球场、儿童游乐场等设施。

12.2.2　国内社区公园现状

在国内，社区公园是一个新兴的概念，其在城市绿地系统中所占的比率偏小。在老城区，绿地严重缺乏，若干的点状绿地根本达不到公园的标准，如何合理利用和改造这些点状绿地是老城区社区公园建设的一个重点。老城区社区公园的建设使市民不但能出门见"绿"，而且能就近获得宜人的日常交流活动场所，同时也能提高社区公园周边地块的金融价值。新区建设中，则要严把审核关，保证每个社区达到一定的绿地率。新开发的楼盘

小区，应遵循"居住区—小区—组团"三级社区公园体系。

目前国内的社区公园的建设多以景观性为主，功能性较弱。社区公园的休憩、健身、娱乐的功能急需进一步拓展开发。比如香港的社区公园虽占地面积不大，但为满足群众休憩、健身、娱乐的需求，根据周边居民意愿，社区公园既向居民提供各种体育活动场地和器械，也提供凉亭、花架、小卖部等休闲娱乐场地，同时还根据需要建设有专为儿童交通知识教学的交通公园、单车公园等。

12.2.3　社区公园的发展

公园一般是政府修建并经营的作为自然观赏区和供公众休息游玩的公共区域，而社区公园的修建和经营方式却可以是更开放的，可在社区附近建造公园，也在社区内建公园。现在一些大楼盘甚至打出类似"消耗时光去公园，还是住在公园里享受时光"的口号，这样也算是观念上的一种转变。社区公园是为满足社区居民的需求而营造的，人的需求随社会与经济的发展在不断变化着，如何寻找出人类生活需求的一般规律，并通过这些一般规律来针对社区居民户外活动做深入细致的探讨，并以此来进行社区公园的设计，才能营造出一个与人的行为需求相协调的社区公园，使其既美观又实用。

国外有研究者对社区公园的将来发表过几种见解，其中有研究者认为，无视利用者需求的公园，其开发和管理是不可能长期维持的，在对年数较久的公园进行更新的过程中，市民参与或市民代表直接进行指导和策划等一系列自主活动是必不可少的。有专家认为，对社区公园利用者来说，公园用地与商业用地之间的界限已越来越模糊，他们更希望在公园中设有贩卖物品和食品的露天小店，因为这种公共性开放公园能让人们通过交流得到心理上和身体上不同程度的满足。

12.3　社区公园的规划设计

社区公园的设计，可以分为两大类，一种是建设，一种是改造。新规划用地的建设设计相对纯粹一些，旧绿地的改造则受到较多现实条件的限制，这样就更加考验一个设计师的思考和变通能力。作为一名园林设计者，要充分认识到环境建设的重要性，要认识到公园建设是面向群众，为群众服务的。我们要考虑的主要是两方面的问题，一是社区居民需要一个怎样的社区公园；二是我们能给社区居民一个怎样的社区公园。做设计时常常需要换位思考，假设自己是社区的一员，认真体会和思考，我需要的是一个怎样的社区公园。

12.3.1　社区公园的设计要求

居住社区是居民们的家，室外环境的规划设计要从社区居民的生活需求出发，作出合理的安排。社区居民对户外环境的基本生活需求可以概括为：舒适。社区居民不必去理解什么"高低起伏错落"的设计理念，舒适应该是他们所追求的首要目标，主要表现为社区环境应当空气清新、安静、有较低的噪声、丰富的绿化等。一个与社区居民生活相和谐的

社区公园才是一个成功的社区公园。值得一提的是社区公园的建设管理应该积极鼓励市民参与。在社区公园建设前期，可以邀请附近社区的居民参与可行性研究，全面反馈调查意见。

图12-3　厦门以三角梅为主题的梅林海公园

一个优秀的社区公园应当充分满足居民的需求，具体表现有以下几个基本特征：

1）环境整洁、优美：要求社区公园从整体布局、功能分布、园路规划、设施布置等方面充分考虑社区居民的方便使用。

2）营造安全的休闲空间：在整体选址、细节处理上都要充分考虑到有效的安全措施。

3）社区公园要能体现与众不同、别具一格的社区文化，展现地方性和时代性特征（见图12-3）。

社区公园作为市民使用频率最高的公园类型，在设计的时候除了遵循公园设计中的一般原则之外，还具有以下几点要求：

1）位置应选择在居民容易到达的地点。

2）一般一个社区应设置一个规模相对较大的社区公园，以老年人或儿童徒步能够轻松到达为宜，即引力范围在500m以内，可以与儿童公园、城市公园、城市绿带或广场相互连接，形成开放空间系统。

3）地形一般以平坦地面为主，如能在地形上稍有变化，富于自然情调，其效果更佳。

4）面积上，在园内活动者人均25m²，按社区人口算，人均0.5~1.0m²即可。

社区公园区别于综合性公园的一个特点就是"面积小"，如何在有限的空间规划出满足各种人群的需要，是设计的一个重点和难点（见图12-4）。

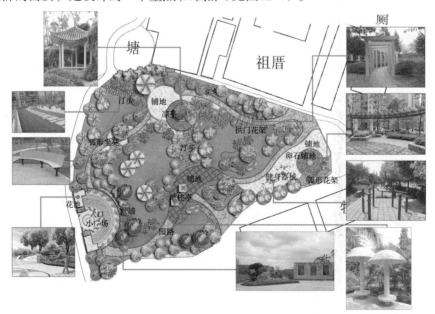

图12-4　漳州澳内社新农村公园方案平面图

12.3.2 社区公园的设计内容

1.园林建筑与小品设计

1）进行园林建筑与景观小品设计之前必须进行周密的实地考察，了解周边的自然环境，顺应自然，合理地利用和改造自然环境。景观建筑的设计要与周围环境、文化氛围相互协调统一，避免突兀。

2）体量适宜的园林建筑和景观小品才能更好地点缀园景：亭台楼阁的设计必须根据公园面积的大小和实际需求来设定，断不可生搬硬套。

图12-5 漳州市龙江公园内结合原有防洪堤改造而成的闽南文化墙一景

3）园林建筑和景观小品要求独具特色：因为居住人群的生活方式和生活轨迹不尽相同，有其各自的文化底蕴，所以每个社区都有各自不同于其他社区的特点。社区公园的景观建筑设计要能展现出不同于其他社区的文化内涵。尤其是在老城区社区公园改造的时候，要特别注重在建筑设计中挖掘社区的特点，展现其独特之处。这样有利于景观建筑人性化、自然化，为社区居民提供更好的居住环境（见图12-5）。

4）园林建筑和景观小品需满足使用功能和技术需求：比如座椅一般设置在游人需要休息的地方，有风景可以观赏的地方，有大树遮阴的地方；座椅设置的数量应根据人流量来定；座椅的尺度要符合人体工程学。

园林建筑小品设计是一门融物理、生物、艺术、社会和经济为一体的综合性学科。只有多学科联合，共同研究、分工协作，才能保证一个景观整体生态系统的和谐与稳定，创造出具有合理使用功能、良好生态效益和经济效益的高质量景观。

2.园路设计

社区公园园路的规划设计应该结合公园的规模、各功能分区的分布、游人容量的多少来确定园路的大小等级和线性布局。社区公园的园路一般分为主园路、次园路和小路三种。因为社区公园的园路有特定的服务人群，人流量相对稳定，且其场地有限，所以设计时不宜过宽。主园路要求为无障碍通道，尽可能不设置台阶、陡坡，能基本串联起各个功能分区，且呈环状，不走回头路。

社区公园园路的布局应当做到主次分明，因地制宜，兼顾组织交通和引导游览的功能，充分体现园林空间布局的分隔、流通和穿插，使得公园的空间呈现丰富的多样性。好的园路布置要根据地形的起伏、周围功能的要求，交叉于各主要景观节点之间，根据需要有疏有密，切忌互相平等。

社区公园主路纵坡宜小于8%，横坡宜小于3%，粒料路面横坡宜小于4%，纵、横坡不得同时无坡度。若公园地形为山体，园路纵坡应小于12%，超过12%的应作防滑处理。主园路不宜设梯道，必须设梯道时，纵坡宜小于36%。支路和小路，纵坡宜小于18%。纵坡超过

15%的路段，路面应作防滑处理；纵坡超过18%的，宜按台阶、梯道设计，台阶踏步数不得少于2级，坡度大于58%的梯道应作防滑处理，宜设置护栏设施。

社区公园园路的常用材质主要有混凝土、石材和砖。透水砖是使用较多的一种铺地材料，因其颜色丰富，组合形式自由多样，且透水性强，生态环保；卵石拼铺而成的健身步道在近年来也颇为流行，通过行走卵石路上按摩足底穴位以达到健身目的（见图12-6和图12-7）。

图12-6　透水砖园路　　　　　　　　　图12-7　卵石园路

3.地形设计

1）大部分社区公园因为面积的局限，一般以平坦地形为主，如若能合理地在地形上稍作变化，将使公园更富自然情调。如把局部地坪提高，与周围的道路隔开，从实际上和心理上摆脱了外界的干扰，能为居民提供有用的活动场所；部分地面隆起和下沉能起到限定空间的作用，给人以安全感，所以可在其中设置相应的休息设施，配以绿化或其他围合措施，更能吸引人们在此逗留（见图12-8）。

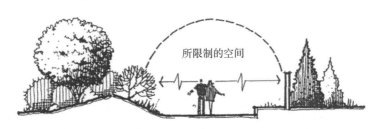

图12-8　地形变化辅以其他要素给人带来的空间私密感

2）社区公园的地形处理要求体量要合理，注意因地制宜，结合实际地形进行设计，就地掘池，因势掇山，力求达到园内填挖土方量的平衡。

3）地形处理时要充分考虑排水问题，合理安排分水和汇水线，保证地形具有较好的自然排水条件。

4.功能性设计

社区公园是社区的"绿肺"。社区公园的规划设计要注意与周围环境配合，与邻近的建筑、道路、绿地等取得密切联系，使社区公园自然地融合在社区之中。因为社区公园的贴近特点，不同于市级或者区域性公园，功能性远比景观性重要。在景观分区时，要充分考虑社区公园的功能要求，设置人们喜爱的各种内容。一个完整的居住区公园，应全面设置下列内容：观赏游览、安静活动、儿童活动、文娱活动、体育活动、政治文化和科普教育，服务设施、园务管理等。

图12-9　漳州洗马河公园的老年人休闲空间

（1）老年人活动区域　对于退休在家的老年人，公园是消磨时光的好地方。老年人活动区域以慢节奏休闲式为主，在进行社区公园规划设计时，应当充分考虑老年人活动场所的特殊功能要求，以及景观与老年人身体、心理的关系，致力营造出一个开放而安全、生态而便利、美观而舒适的社交和活动空间，满足老年人对园林环境的特殊需求，提高老年人的生活质量（见图12-9）。

老年人活动区域常常与公园的康体活动区合为一体，设置可供老年人自由选择的强度不大的健身设施，比如舒展肩背的运动器、大腿伸展器、提脚架等。此外，还可设置非剧烈的运动场所，比如门球场就颇受老年人喜爱，在球场旁设置亭廊坐凳，可方便老年人在运动间隙的休息。老年人活动区域还要注意营造老年人交流交往的空间，可设置休息廊亭和足够的座椅，供老年人打牌、下棋。比如漳州胜利公园，在园内设有一个门球场，旁边结合一个休闲小广场，组合式布置了若干组休息坐凳，一动一静合理搭配。广场周围点缀种植落叶大乔木，冬暖夏凉，是老年人活动的好地方，便逐渐演变成"老人活动园地"，很是热闹。

（2）儿童活动区域　为儿童提供游戏的场所也是社区公园所担负的一个重任。小区中的儿童数量一般都比较多，因此在设计中必须要照顾到儿童的需求。社区公园至少可以为他们的游戏提供一些常见的场地及设施。如一块小的沙地，或一座滑梯。在社区公园设计中应注意游戏场所的设计，为儿童们留下可以游戏的场所，满足他们游戏行为的需要（见图12-10）。

儿童活动空间应结合社区整体设计进行合理布局，既要满足光照、通风、安全的要求，也应该注意尽量减少儿童嬉戏时的嘈杂声对周围环境的影响。选址应与社区内主要道路保持一定的距离，游戏空间和视域还要具有一定的开阔性，便于家长看护儿童。在空间尺度

图12-10　漳州龙江公园的儿童活动区域

的把握、高程变化等方面应符合儿童行为心理特征。造型丰富的游戏墙、修剪整齐的植物迷宫，可以满足儿童摆弄物体和好动愿望的沙坑都是不错的设置项目。这些活动项目不仅增加了儿童的活动参与性，还能增强儿童的记忆力和判断力，更有助于培养儿童集体合作的思想。

（3）运动空间的设计　随着物质生活水平的不断提高，人们越来越关注自身的健康，纷纷走出家门，在各种不同类型的空间中进行运动和锻炼。然而，诸如体育场、运动场这类远离大众百姓的公共设施体育空间是远远不够的，公园、花园以及小区中的各类小型园林绿地则更贴近大众百姓。社区住宅满足了人们的生理和安全两个最基本的需求，而要使社区住宅满足人们更深层次的需求，就必须合理设计、添加建筑物的附属设施，提高社区住宅的功能层次。一直以来，我们在设计创作中基本上都是不断追求文化的意境、美妙的环境和视觉的冲击，而健康运动空间往往是处于被动的附属地位没能得到足够的重视。在今后的设计中我们应该遵循"以人为本"的设计思路，合理布置和安排体育场地、器材，应该将健康运动空间作为园林中一项重要内容，在设计中着重考虑。社区公园体育锻炼功能的加强既满足了群众体育锻炼的需求，又提高了公园的利用率。作为城市中的较大型绿化空间，社区公园环境好，有一定的空间，又靠近居民区，因此社区公园应该是城市居民进行体育锻炼的理想场所。

5.植物景观设计

社区公园，作为一种公共活动空间绿地，其植物景观的设计应该更加注重空间的围合性、观赏性及整体意境的创造性，整体效果更加多变，植物种类也更加丰富。景观设计者应对各种植物的形态特征，生物学特征有深刻的认识，注意分析植物形态、色彩在季相构成上的功能，按照美学的原理合理配置。各种植物都有它独特的形态美，不同植物有着不同的欣赏体态和精神，充分利用植物的应用价值，发挥其生态学效益而且充分体现季节的特点，从而达到科学性与艺术性的完美结合。同时可以利用不同种类之间的搭配延长植物观赏期，创造出四季景观，在考虑种间搭配时，重点应利用植物本身的生态特性，如常绿与落叶，阴性与阳性，速生与慢生之间的搭配。

在居住区景观中，一方面植物景观并不是孤立存在的，它是"嵌套"在其他景观要素（如水体、地形、建筑小品、地面铺装等）之间或"包容"其他景观要素的，需要考虑它们之间的协调性；另一方面植物景观在不同的环境下能够形成不同的空间感受（开敞、半开敞、封闭），能起到障景、透景或空间围合等作用，伴随着植物形态、颜色等变化。社区公园中的休闲绿地，居民使用频率高，在不同的功能分区中，应根据实际需要，进行不同的植物搭配种植。比如在居民休闲活动的场地内，背靠坐椅的方向应该种植层次丰富的植物，形成边缘效应，围合成一个安静的休息区；而在其他方向则宜选用冠大荫浓、枝下高大于2.2m的大乔木，保持夏季有足够的庇荫面积；在老年人活动区域可以营建保健型生态园林，发挥植物的药用保健作用，使老年人在室外长时间逗留健身的同时，吸收各种植物所散发出的不同的、有益人体健康的气体，如松柏类植物的枝叶散发的气体对结核病等细菌有防治作用。儿童活动区域则要注重色彩艳丽、花果奇特的植物的选择应用，激发他们对自然和生活的热爱，同时应选用落叶大乔木，以保证夏季的庇荫和冬季的阳光。

　　植物景观在维护和改善区域范围内生态环境方面起到的作用是多种多样的，其中包括了改善生态环境、调节小气候、防风降尘、净化空气等。不同结构的植物群落，其生态功能高低有别。进行植物景观的设计时，应当遵循生态学原理，增加景观层次性，建立多层次、多结构、多功能的科学的植物群落景观系统，在重视植物季相配置的同时充分展现园林植物景观的生态效益（见图12-11）。

图12-11　结合其他景观元素配置的多层次植物景观

12.4　社区公园的设计案例分析

12.4.1　漳州·龙江公园

1.项目概况

　　规划地位于漳州九龙江河畔，漳州城区南部，地处九龙江与城市干道（江滨大道）之间，全长为2.32km，规划总面积约为10.0万m²。附近是旧城改造后的江滨花园生活区，人口密度较高。

2.设计思路

　　1）遵循古城漳州的历史文脉：以当地人文、民俗为主要着眼点，借用当代艺术来诠释传统民俗，探寻古城的历史人文、风土人情。

　　2）理景与造景结合的原则：注重自然生态保护和现代科技相结合的原则，充分利用地形环境特点，解决好水面和陆地，堤坝与道路之间的呼应与协调关系。

　　3）以自然生态为基础，赋予人文艺术：以三条主要脉络——"文脉""水脉""绿脉"，贯穿于整个规划场地的设计理念的始终。

　　4）坚持宏观营造和保留修复合理结合的原则：坚持社会效益、经济效益和环境效益相统一的原则，合理开发土地，提高土地使用率，坚持"可持续发展性"，为将来的拓展规划提供一个可延续发展的空间。

3.规划目标

　　根据漳州市的总体规划及经济发展状况，分析其区位的优劣势及自然、人文景观资源状况，有效规划，合理利用土地，理顺公园建设用地与周边开发建设用地的关系。将龙江公园的性质定位为：以自然生态为基调，人文景观为依托，适当展示当地人文、民俗及历史文化，力求打造一处以自然生态为主题，集功能性、休闲性、娱乐性、教育性为一体的江滨生态公园，形成九龙江河畔一条独特的城市绿色生态长廊。

4.规划方案

　　（1）瀛洲亭宗教民俗区　本区域现状分布了"瀛洲亭佛祖庙""九龙江水文站"及长

时间以来当地渔民停靠船只、进行渔家活动的聚集场所。此地的设计以尊重现有的场地作用为基础，在瀛洲亭佛祖庙的西边，以著名历史文化名人"弘一法师"为主要脉络，营建"民俗文化广场"，因为弘一法师的晚年是在闽南度过，其事迹也是闽南历史文化重要的一部分，弘一法师也曾经在漳州驻足，在漳州的民俗文化里留下了其浓重的一笔，以弘一文化为设计内容，进一步丰富了龙江公园的文化脉络，其景观结构也与瀛洲亭的宗教特色融为一体，更为和谐（见图12-12）。

（2）文化艺术广场 该区域在地势设计时充分考虑现有的地势落差，将其划分为三个落级差：通过绿化坡地与台阶将各个不同的差级连成一体。景观内容上，以漳州地域文化、历史文化名人等为雕塑题材，设计组合式的文化广场，既是整个公园的中心部分，也是公园文化艺术主题的主要体现区域，而其中的"紫阳广场"，从广场结构和主题雕塑的设计上，以著名的理学家、思想家、哲学家、教育家、诗人、闽学派的代表人物朱熹的文化传承为表现题材，在"龙江公园"的文化表现上赋予传统文化的脉络灵魂（见图12-13）。

图12-12 民俗文化广场效果图　　图12-13 紫阳广场效果图

（3）临江觅趣区 本区域的设计以临江绿色生态为主题，在绿化配置上适当种植湿生植物、水生植物等营造一个立体的绿色生态环境，配套岸边园路设计亲水平台、水上木栈道等，以自然生态的理念，为漳州市民营造一个清新凉爽的亲水区域，该区域的设计也把文化艺术广场的人文主题过渡至东区的自然休闲区，使整个公园在规划结构上的人工营造和自然生态达到平衡，充分体现了园林营造尊重自然生态的可持续思想，为设计主脉络中的"绿脉"提出了一个客观的注释（见图12-14和图12-15）。

图12-14 湿地园区鸟瞰图　　图12-15 湿地园区局部效果图

（4）自然休闲区 该区域的设计延续了临江觅趣区的自然生态，因地制宜，充分考虑该区域狭窄的地形特点，以植物景观为主要营造内容，在主要道路节点位置适量安排了休闲小广场、生态花架、风雨连廊等，进一步延续公园自然生态的"绿脉"主题。

图12-16 结合原有旧堤坝整合改造而成的闽南文化景墙

（5）历史遗迹区 尊重历史，为子孙后代保留一册先人的记忆，在公园的营造上，我们保留并修复了中山桥遗址、工农兵桥遗址、原有的水闸等，并利用其遗址特点设计成景观节点，在公园的内容结构上增添了一项不可复制的历史文化景观，为了公园整体环境建造的考虑，我们在适当的位置部分保留旧堤坝，并进行合理的整合改造，保证了其装饰性和观赏性，即在堤坝上进行装饰与实用结合艺术处理，堤坝内容以漳州市的历史人文、民

图12-17 建成后的龙江公园

俗风情、民间信仰等为题材。经过装饰及绿化处理后的堤坝，形成一定的遮挡与屏蔽，使原来生硬的堤坝若隐若现，与江滨大道及九龙江等相互呼应，形成一条特殊的景观视觉走廊。从一定意义上为设计主脉络提供了"文脉"传承的表达（见图12-16）。

本次规划设计围绕以上几个任务，在规划地环境容量和景观容量都许可的前提下，合理规划布置，在保持原有自然风味的同时，辅以人造景观及和谐的民俗情调来共同烘托一个"文化、生态、休闲"的景观主题，营造一个由"九龙江—龙江公园—江滨大道—新防洪堤"构成的横向景观脉络，浑然一体，奏响一曲旋律优美的都市生态文明交响曲（见图12-17）。

12.4.2 福州·美林湾

1.项目概况

金色·美林湾位于福州市金山区乌龙江畔，紧邻3000亩江畔生态湿地及绿树成荫的金山公园，营造一种时尚、生态、赋予艺术情调的庭院生活。小区占地110亩，其中绿化用地24000m²，占小区用地的32.8%。

2.设计理念

根据金色·美林湾建筑规划布局，别墅组团与高层组团内部，均相对缺乏具有较大面积的室外空间，别墅空间内空间相对紧迫，有效空间较少；高层空间内，仅以楼间的建筑缓冲空间作为主要的绿化空间，但较为有利的是，架空层的存在，在一定程度上衔接了几个空间，使之能够相互连接。在这样的规划布局中，设计师经过深入思考，并多方求证，引入了院落式景观的设计概念，效法传统的院落式空间，利用景观的手法加以围合，在同一风格下营造出各个具有不同景观内涵的院落式空间，成就独特的景观环境（见图12-18、图12-19和图12-20）。

01 社区案名及岗亭　　32 阳光广场
02 动态水景　　　　　33 艺术水景
03 水之声雕塑水景　　34 休闲雅座
04 地下车库出入口　　35 艺术景墙
05 商业内街　　　　　36 阳光广场
06 艺术小品　　　　　37 "舞步"雕塑小品
07 田园风情景墙　　　38 抽象景墙
08 植草格绿化　　　　39 群芳灵境
09 儿童乐园　　　　　40 落音池
10 水韵池　　　　　　41 "乐音"水景小品
11 入户庭院—亭台亮月　42 观澜亭
12 休闲架空层　　　　43 中心庭院—水榭花都
13 心之源休闲空间　　44 紫藤花廊
14 凌坡美境　　　　　45 "亲缘"雕塑小品
15 自行车停车棚　　　46 休闲凉亭
16 幽兰溪　　　　　　47 静谧庭院—水之天籁
17 "泌源"水景　　　　48 叠水水景
18 入户庭院—碧树云天　49 案名标志水景
19 室内健身场　　　　50 中心花坛
20 童趣天地　　　　　51 安防岗亭
21 羽毛球场　　　　　52 儿童游乐园
22 盈月湾　　　　　　53 儿童戏水池
23 揽月亭　　　　　　54 儿童庭院—畅游天坛
24 心情走廊　　　　　55 养心居
25 临水居　　　　　　56 凝润亭
26 停车场　　　　　　57 水景庭院—风临左岸
27 自行车停车棚
28 "泉"水景小品
29 艺术殿堂
30 芳林雅境
31 心之园

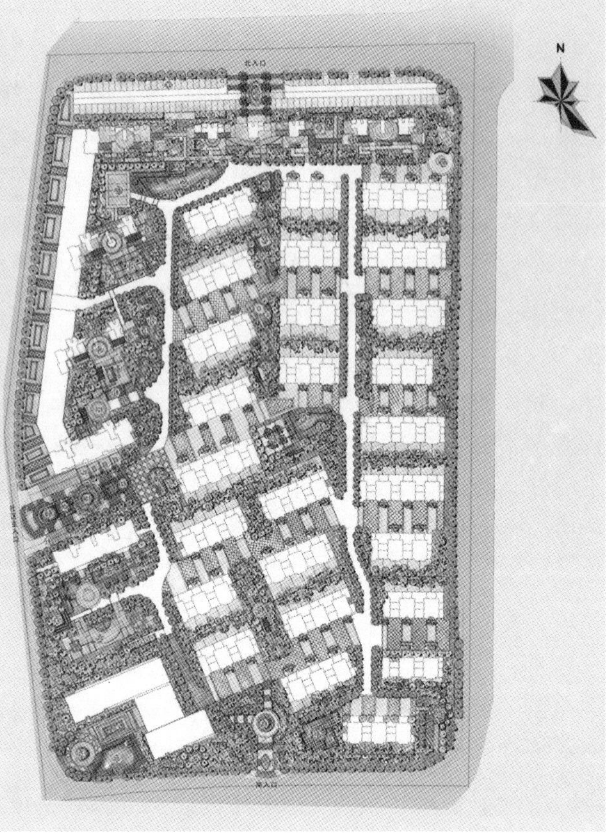

图12-18　金色·美林湾总平面图

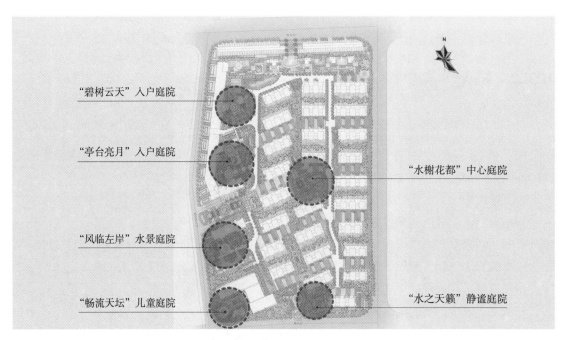

图12-19　金色·美林湾庭院组团分布平面图

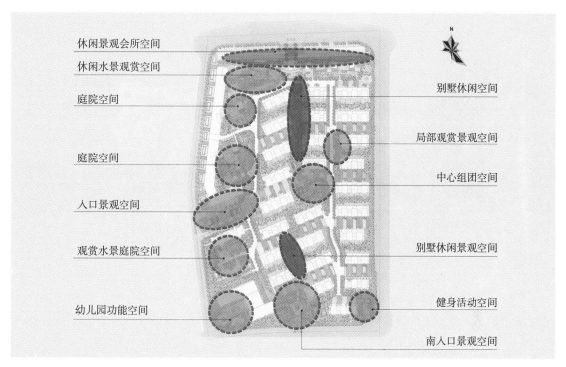

图12-20　金色·美林湾功能分析平面图

3.设计方案

（1）入口景观空间　社区主要出入口的设计，要充分利用视线的焦点展现独特的景观特色，要求具有较高的辨识度，将社区环境向外延伸（见图12-21和图12-22）。

图12-21　金色·美林湾主入口景观效果图

图12-22　金色·美林湾南入口景观效果图

（2）中心庭院——水榭花都　该组团位于社区的中部，是社区内的中心景观绿化空间。在传统的意义中，这里应该是社区景观的中心，是全社区住户休闲的第一去处。但由于社区规划的限制，该空间现主要面向别墅区住户，所以在景观的设置上，避免了大而空旷的常规中心景观设计手法，以亲切的造园尺度进行打造，尽量营造一种具有亲和力的中心景观。

之所以选择"水榭花都"作为该庭院的主题，还是受到中国传统园林的影响：在中国

传统园林中，水是园林的灵魂，代表着社区的生命与活力，有了水的庭院，则无形中具有了一份源远流长的灵韵。在花红柳绿中，在碧水清波中，生命开始蔓延、成长，并最终奏响最华丽的乐章。

该庭院内，各种小品的设置以具有深刻的文化内涵为主，景墙图案等的布置也注重生命的体现。用永恒的和鲜活的生命表现形式，一同演绎生灵的乐章（见图12-23和图12-24）。

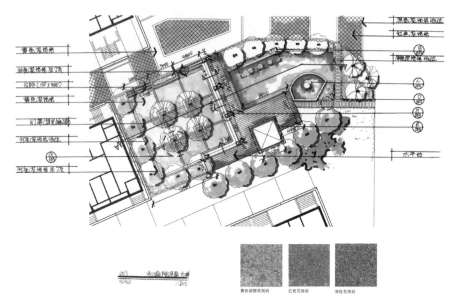

图12-23　中心庭院——水榭花都平面图

图12-24　中心庭院——水榭花都效果图

（3）静谧庭院——水之天籁　该庭院位于南入口通道东侧，主要是以抽象音乐符号景墙对空间进行围合，搭配中心硬地及水中的音乐艺术小品，并融合水的动感与声响，营造出具有安静、冥想、休闲的雅致庭院。

（4）水景庭院——风临左岸　同样是一个以水为主题的庭院，水的声音在这里得到了最大化的体现。水幕墙上，水帘或如琴弦般，或如断线的珍珠撒落，叮咚作响，一如竖琴被一支无形的手所弹奏，琴音悠扬，营造轻松畅快的生活环境。曲折的木栈桥连接着凝润庭的水上娱乐和休憩设施，它同池边的喷水小品和架空层景观在满足人们纳凉和观赏的同时，也映透着福州的社区文明，丰富的植物形成自然的林下空间，为人们提供了赏景交流的区域（见图12-25）。

图12-25　风临左岸效果图

（5）入户庭院——碧树云天　这个以树荫为主要元素构成的庭院中，光影的效果成了最主要的表现方式。每天的各个时候，光都有不同的透视效果，或柔和，或刚直，或有色彩，或为一道白光（见图12-26）。

图12-26　碧树云天效果图

小区内部分楼层为架空层，设计中亦充分利用这部分面积，发挥其休息、娱乐的功

能，在其中设置了半开放半封闭式的儿童兴趣园、老年人俱乐部等，为居民提供直接方便的休息沟通场所，在景观设计上巧妙运用借景、框景、障景等造园手法，设置了水池、树阵，让室内空间向户外延伸，内外通透，时有清风徐来送爽。合理的布局更是让架空层亲切温馨、富有情趣。

（6）儿童庭院——畅游天坛　设置于幼儿园空间内，以儿童戏水池为中心，在满足幼儿园功能需求的前提下，尽可能地让孩子们得到一个丰富多彩的户外活动空间。该空间内，注重绿化与儿童活动空间的结合，在最大程度上保障孩子们户外活动的各种需求，如遮阴等功能（见图12-27）。

图12-27　儿童庭院——畅游天坛：彩色的儿童活动空间

在社区的整体设计上，借鉴了美式现代自然园林的细节处理手法，以时尚的设计手法，前卫的景观元素对社区空间进行有效刻画，注重追求人文、自然、生态的生活感受，并利用各个景观空间所营造的不同景观氛围，为每一个住户营造不同的生活感受，让他们能够融入其间，享受这个绿色的艺术空间。

12.4.3　精致社区——龙海·领秀锦江

1.项目概况

龙海·领秀锦江位于龙海市锦江大道以南，九龙江南港南岸。由两个相邻的地块组成，地块总用地面积29000m²，周边紧靠锦江大道及规划道路，交通便利，面朝市河九龙江、背靠优美紫云山，视野开阔、风景优美。南面紧邻龙海石码老城区，坐享老城区繁华配套及成熟的市政设施。项目致力于打造真正意义上的高档品质的山水人文社区（见图12-28）。

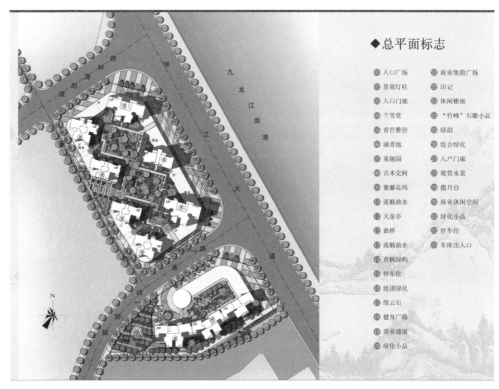

◆总平面标志

① 入口广场	⑳ 商业集散广场
② 景观灯柱	㉑ 印记
③ 入口门廊	㉒ 休闲雅座
④ 兰雪堂	㉓ "竹峰"石雕小品
⑤ 青竹雅径	㉔ 绿韵
⑥ 涵青池	㉕ 组合绿化
⑦ 童趣园	㉖ 入户门廊
⑧ 古木交柯	㉗ 观赏水景
⑨ 紫藤花坞	㉘ 揽月台
⑩ 流觞曲水	㉙ 商业休闲空间
⑪ 天泉亭	㉚ 绿化小品
⑫ 曲桥	㉛ 停车位
⑬ 流觞曲水	㉜ 车库出入口
⑭ 青枫绿韵	
⑮ 停车位	
⑯ 组团绿化	
⑰ 缀云石	
⑱ 健身广场	
⑲ 商业通道	
⑳ 绿化小品	

图12-28 龙海·领秀锦江总平面标志

2.设计理念

该项目建筑风格现代感较强，适合以具有一定时代特点的景观风格与之相结合进行造景。项目规划空间则体现出一份中式传统空间规划的特点，即传统的院落式空间规划方式，一进二进式空间较为明显。以此为最初设计的依托，以现代中式园林景观设计风格作为项目的景观设计方向，以古典的造园理念及元素，结合时尚简约的造园手法，打造出一个具有传统中式文化特点及内涵，又适合现代人居住及欣赏要求的精致景观楼盘。

3.设计方案

北部社区部分：

在项目景观设计中，拟用最朴实的元素，如特定植物品种的绿化、蜿蜒的旱溪、曲折的石板桥、朴实的凉亭，通过空间的有机结合，形成社区内一个个安静、祥和的景观院落。基于这种考虑，设计摒弃了在社区内设置大型硬质空间作为活动场所的思路，取而代之的是以贴近建筑的竹径环绕着大面积的绿化的整体空间思路，在中心绿化空间中，由北至南蜿蜒贯穿人工旱溪，并采用厚重的石板桥与之不断穿插，配合以收放有序的绿化，形成一个个以绿化为核心的景观院落。而每一个院落之间，则以小面积的硬质空间点缀一定的观赏性元素或是休闲设施进行衔接。

院落中不布置大型景观元素，而是更贴近自然，贴近住户心里的景观空间，让每一个住户都能安静地享受这份空间，去品位空间带给他们的静态传统文化生活（见图12-29和图12-30）。

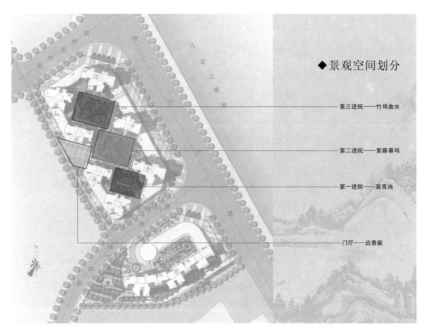

图12-29　龙海·领秀锦江景观空间划分平面图

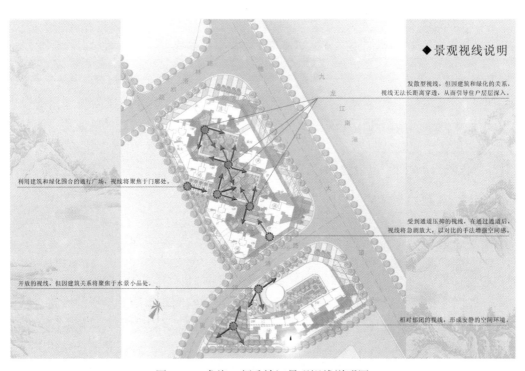

图12-30　龙海·领秀锦江景观视线说明图

（1）门厅——远香廊　即社区的西入口空间，也是人行主入口。这一区域设计主要保证人行空间的顺畅，保障人流的集散。在此基础上，则尽可能地营造出能够突出入口景观的空间环境。设计以入口两侧有序列植的大型金桂配合兼具时尚与传统文化特征的灯具的方式，将入口门牌进行突出。规格较大的金桂作为高档的绿化树种，本身是对社区品质感的一种有效烘托，同时金秋时节在空气中飘荡的桂花香气正营造了"远香廊"这个名称所蕴含的主题（见图12-31）。

图12-31 远香廊效果图

（2）第一进院——涵青池 因空间交错的原因，将第一进院的所谓空间定位为项目南入口进入社区后的局部空间，若以南入口为视角，此区域则符合传统第一进院的概念，且由此逐步深入，有利于空间有序的展开。

这是一个完美的中式园林入口空间，相对狭小，有利于利用空间的对比关系在人们的视觉及心理上扩大原本并不开阔的社区中庭空间。在这一区域中，设计以水为主体，以看似静态的水面倒影、周边婆娑的竹影，水面上的蜻蜓小品轻轻摇摆，似点水，似飞翔，让人产生无限遐想。因水倒影绿树，看似水中涵青，故名涵青池（见图12-32）。

图12-32 涵青池效果图

（3）第二进院——紫藤春坞 花开花落，叶落果熟，中式传统园林无处不体现着这一份自然的变化，表达着对自然的尊重与鉴赏。以绿化为景，让植物随着四季的变化展现出不同的姿态，这一直都是传统园林景致的重要组成部分。在第二进院中，设计集中展示了春季植物的效果，一年之计在于春，春季也是最能引起我们无限期待的阶段，万物复苏，姹紫嫣红。顺着庭院中心部分的曲桥、旱溪、花廊架，根据空间自由种植部分紫藤、迎春花、桃花，用春季灿烂的花色唤起人们的心情（见图12-33和图12-34）。

图12-33　紫藤春坞效果图

图12-34　天泉亭效果图：以传统造型的凉亭作为两进空间的衔接，同时可以满足
住户的休闲要求

（4）第三进院——竹坞曲水 在这一院落中，竹、水得到了进一步的表现。旱溪和曲径，配合上清幽的竹，是这一区域景观的核心主题，用这些最常见的元素，营造出一份传统、亲切，可让人思绪悠远的庭院空间。设计用最朴实的手法完成了景观的升华，仅仅是一片宁静的绿化空间，得到的却可能是最深沉的共鸣（见图12-35）。

图12-35　第三进院中青枫绿屿景观节点效果图

（5）植物种植　社区植物景观设计严格按照大乔—小乔—灌木—花卉—草坡的多层次植物搭配种植，特别是人平视视线范围内的灌木、花卉和草坡的层次种植。有季节、有主题、有特色的植物选择。植物配置时，不仅要考虑到树种和树形，还要注意四季皆有景，不仅有景，而且要有香气。提前预设每个季节景观主题的主色调和主题。在植物搭配上，项目不仅追求亮丽的颜色、丰富的层次、阴凉的树荫，还讲究植物的香味。小区遍植香花植物，如清香的梅花、幽香的紫薇、沁香的腊梅、浓香的紫荆、醇香的桂花等。

12.4.4　漳州·金峰公园

1.项目概况

本项目位于金峰工业区，胜利西路与北二环路交界处的三角绿地，总面积为1.6hm²。原有绿化以常绿大乔木和棕榈科植物为主，苗木数量偏少，绿量不够，且树种单一，缺乏彩叶和开花植物，季相不够明显，观赏价值不高；缺少供市民休闲活动的广场，功能分区不够明显，实用功能较低，配套服务设施有待完善（见图12-36和图12-37）。

图12-36　改造前的金峰三角绿地一

图12-37　改造前的金峰三角绿地二

城市公园 景观规划与设计
Planning and design
of City Park landscape

2.设计理念

金峰三角绿地位于漳州西大门主要入口处，是城市的主要景观节点，经过改造可以提升城市的形象。该绿地位于金峰工业区，附近有大量的民工，因此需要一个可供休闲、娱乐、健身的公共绿地，以满足市民需求。对绿地整体布局，功能分区，园林景观，植物配置等方面做出比较大的改造。

3.设计方案

本方案在硬质景观方面，针对原有休闲广场较少的现状，新增公园主入口和次入口广场，将原有的榕树广场扩宽，并将花池降低，改造成座椅，并增设一组花架亭廊供游人休息。同时增加健身广场，放置健身器材供游人晨练健身，坡顶树阴下增设休闲广场，布置石桌石凳，供游人休闲娱乐。两个广场一动一静，使整个公园的分区更为明确合理（见图12-38）。

图12-38　金峰公园鸟瞰效果图

考虑到原有道路走向不合理，且游步道较少，本方案增加了环绕全园的园路，合理地组织游线，引导游人游览，材质为透水砖，局部地方还增加了汀步。

在植物造景方面，以对绿地进行花化、彩化为目标。增加种植开花的大小乔木和花灌木，包括红花系大乔木的红花羊蹄甲、火焰木、凤凰木等；红花系小乔木大叶紫薇、鸡冠刺桐、碧桃、日本晚樱等；黄花系小乔木黄花槐、鸡蛋花等；地被方面，以美洲合欢、花叶美人蕉、仙丹花等不同花期不同花色植物搭配种植。

在配套设施方面，原有的绿地没有设置垃圾桶，因此整个园区卫生状况不佳，本方案增加了垃圾桶。同时还增设座椅，以满足市民的休闲要求（见图12-39和图12-40）。

图12-39　改造后现状图一：结合原有榕树广场
增设的一组花架亭廊
图12-40　改造后现状图二：原有大榕树下黄土裸露，改
造后增设休闲广场，布置石桌石凳，供游人休闲娱乐

参考文献

[1] 卢新海. 园林规划设计[M]. 北京：化学工业出版社，2005.

[2] 胡长龙. 园林规划设计[M]. 2版. 北京：中国农业出版社，2002.

[3] 封云，林磊. 公园绿地规划设计[M]. 北京：中国林业出版社，2004.

[4] 余守明. 园林景观规划与设计[M]. 北京：中国建筑工业出版社，2007.

[5] 孟刚，李岚，李瑞冬，魏枢. 城市公园设计[M]. 上海：同济大学出版社，2003.

[6] 孙明. 城市园林园林设计类型与方法[M]. 天津：天津大学出版社，2007.

[7] 何金富. 试谈儿童活动区的规划要求[J]. 大观周刊，2011（20）：169.

[8] 尹亚坤. 适宜老年人的公园绿地规划设计研究[D]. 保定：河北农业大学，2008.

[9] 张丹. 城市公园设计中文脉的体现[D]. 南京：南京林业大学，2007.

[10] 余志英. 城市公园设计的地域性探析[D]. 福州：福建师范大学，2008.

[11] 重庆市园林局. 园林景观规划与设计[M]. 北京：中国建筑工业出版社，2007.

[12] 赖德霖. 中国建筑革命——民国早期的礼制建筑[M]. 台北：博雅书屋有限公司，2011.

[13] 马蕊. 纪念性公园景观设计研究[D]. 昆明：昆明理工大学，2009.

[14] 张红卫，王向荣. 漫谈当代纪念性景观设计[J]. 中国园林，2010（9）：48-52.

[15] 丁奇. 纪念性景观研究[D]. 南京：南京林业大学，2003.

[16] 卢圣. 植物造景[M]. 北京：气象出版社：2004.

[17] 徐倩. 公园道路景观设计浅析[D]. 南京：南京林业大学，2009.

[18] 孟瑾. 城市公园植物景观设计[D]. 北京：北京林业大学，2006.

[19] 徐方亮，顾悦悦. 论城市公园植物景观设计[J]. 中国园艺文摘，2010（9）：109-110，113.

[20] 喻晓雁，程兴火. 论城市植物规划[J]. 河北林业科技，2005（4）：149-151，154.

[21] 陈克林. 湿地公园建设管理问题的探讨[J]. 湿地科学，2005（4）：60-63.

[22] 王浩. 城市湿地公园规划[M]. 南京：东南大学出版社，2008.

[23] 刑晓光，等. 湿地公园的设计建设探讨——以上海崇西湿地公园建设为例[J]. 南水北调与水利科技，2007（5）：59-61，146.

[24] 马建武，等. 云南玉溪九溪人工湿地公园规划与生态化设计[J]. 安徽农业科学，2011（25）：303-306.

[25] 刘扬，等. 城市公园规划设计[M]. 北京：化学工业出版社，2010.

[26] 赵丹. 关于美国体育公园的研究[D]. 苏州：苏州大学，2010.

[27] 中国勘察设计协会园林设计分会. 风景园林设计资料集[M]. 北京：中国建筑工业出版社，2006.

[28] 李敏. 社区公园规划设计与建设管理：以深圳、香港等地为例[M]. 北京：中国建筑工业出版社，2011.

[29] 何济钦. 日本社区居民的贴身公园[J]. 中国园林，2004（4）：18-21.

[30] 刘正瑛，龙岳林. 社区公园设计研究进展[J]. 山西建筑，2010（17）：355-357.

[31] 李承承，郭高燕，李先源. 浅谈社区公园的功能和特点[J]. 南方农业：园林花卉版，2010（1）：65-67.

[32] 徐露路，吕晓钦. 公共绿地老年人活动空间设计 [J]. 民营科技，2009（3）：100.

[33] 杨倩，李永红. 湿地公园的植物群落构建——以杭州西溪湿地植物园为例[J]. 中国园林，2010（11）：76-79.

[34] 蒋跃辉. 厦门城市公园体系规划与开发控制细则研究[J]. 风景园林，2007(4):105-109.

[35] 韦金笙. 述评蜀冈—瘦西湖风景名胜区——兼论风景园林之秀美[J]. 中国园林，1992（3）：17-21.

[36] 李源. 玄武湖应从公园向风景名胜区转变[J]. 江苏地方志，2005（1）：23-24.

[37] 风景名胜区及新型公园规划设计学术会议纪要[J]. 广东园林，1981（2）：46-48.

[38] 王向荣，任京燕. 从工业废弃地到绿色公园——景观设计与工业废弃地的更新[J]. 中国园林，2003（3）：11-18.

[39] 简圣贤，何志华. 我国工业遗址设计案例分析——中山歧江公园[J]. 园林，2006（11）：14-15.

[40] 刘附英，等. 后工业景观公园的典范——德国鲁尔区北杜伊斯堡景观公园考察研究[J]. 华中建筑，2007（11）：77-86.

[41] 俞孔坚. 足下的文化与野草之美：中山歧江公园设计[J]. 新建筑，2001（5）：17-20.

[42] 陈圣泓. 工业遗址公园[J]. 中国园林，2008（2）：1-8.

[43] 许健. 时空中的色彩变化——北杜伊斯堡景观公园工业遗址改造[J]. 城市环境设计，2007（5）：40-45.

[44] 杨春侠. 悬浮在高架铁轨上的仿原生生态公园——纽约高线公园再开发及启示[J]. 上海城市规划，2010（1）：56-59.

[45] 李运生，张杰，黄涛. 儿童公园设计研究[J]. 绿色科技，2010（5）：97.

[46] 王瑜. 我国公园儿童活动空间设计的探讨[J]. 安徽水利水电职业技术学院学报，2009（6）：27.

[47] 陈冬平，张军. 体育公园的分类及可持续发展方向研究[J]. 西安交通大学学报（社会科学版），2010（7）：59.

[48] 李香君. 体育主题公园的分类及特点[J]. 体育成人教育学刊，2008（1）：16.

[49] 朱祥明，王东昱. 现代大都市与体育休闲公园[J]. 上海建设科技，2004（2）：50—51.

[50] 夏家勇，陈静，李萃，林峰. 城市中央公园提升规划的实践创新——唐山南湖旅游区总体规划暨5A创建计划解析[J]. 中国旅游报，2010（5）：11.

[51] 张晓三. 城市公园入口空间形态研究[D]. 长沙：湖南大学，2009.

[52] 赵抗卫. 主题公园的创意和产业链[M]. 上海：华东师范大学出版社，2010.

[53] 楼嘉军，肖德中. 主题公园与城市旅游[M]. 上海：上海交通大学出版社，2012.

[54] 北京市公园管理中心. 公园植物造景[M]. 北京：中国建筑工业出版社，2012.

[55] 中国建筑文化中心. 主题公园[M]. 哈尔滨：黑龙江科学技术出版社，2007.

[56] 李志飞. 主题公园开发[M]. 北京：科学出版社，2000.